Liebe Leserin, lieber Leser

Was für eine Geschichte! Die Biografie unseres Planeten – von den Anfängen als glühende Magmakugel über die Geburt des Lebens in den Tiefen des Ozeans bis zum Siegeszug der Säugetiere – handelt von unglaublichen Dramen und vielen glücklichen Zufällen.

Denn natürlich hätte es sehr früh vorbei sein können mit der Erde. Etwa als vor 4,5 Milliarden Jahren ein marsgroßer Himmelskörper in sie einschlug und sie beinahe vernichtet hätte.

Dass sich die dabei herausgeschlagenen Trümmer zu einem neuen Himmelskörper zusammenfügten, dem Mond, war eine weitere glückliche Fügung: Denn mit seiner Schwerkraft dämpft der Trabant seither Taumelbewegungen der Erdachse, die sonst zum Klimachaos führen würden.

Vor 540 Millionen Jahren bringt die Natur höchst skurrile Wesen hervor – wie dieses Krebstier

Dann, als sich auf der Erde das erste Leben entwickelt hatte, kam es zu weiteren Katastrophen. So vereiste unser Planet in den folgenden Jahrmilliarden gleich mehrfach, am heftigsten wohl vor etwa 720 Millionen Jahren, und es wurde der größte Teil aller Organismen dabei vernichtet. Doch die fast vollständige Apokalypse hatte auch etwas Gutes: Denn nun wurde Raum frei für die Entwicklung einer Vielzahl neuer Tierspezies, die geradezu explosionsartig entstanden.

Und schließlich traf vor 66 Millionen Jahren ein mächtiger Meteorit die Erde und löschte in der Folge erneut fast alles Leben aus. Doch für kleine, unauffällige Fellträger, die Säugetiere, hatte auch dieses Desaster etwas Gutes: Denn da nun ihre mächtigsten Fressfeinde ausstarben, die Dinosaurier, konnten sich diese Kreaturen ungestört entwickeln, immer größer und variantenreicher werden und irgendwann die dominante Spezies auf der Erde hervorbringen, den Menschen.

Sie sehen, es hätte auch ganz anders ausgehen können im Verlauf der vergangenen Jahrmilliarden. Wie die Erde und das Leben zu dem wurden, was sie sind, davon erzählen wir in diesem Heft. Es ist eine spektakuläre Geschichte – unglaublich, aber wahr.

Herzlich Ihr

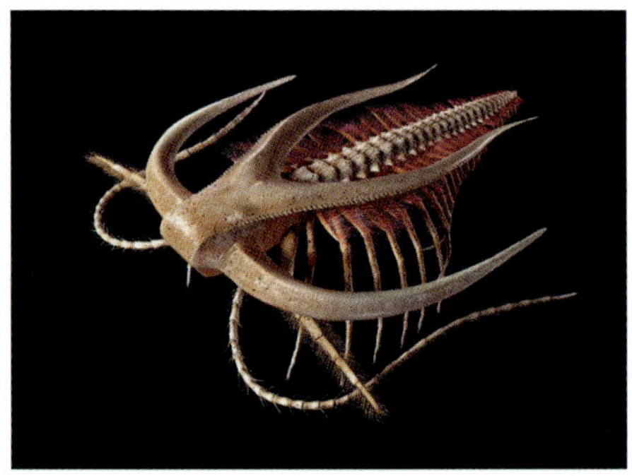

ERDGEBURT
Vor mehr als 4,5 Milliarden Jahren umkreisen zahllose Brocken die Sonne – aus ihnen wird sich auch unser Planet formen. **08**

DINOSAURIER
Spektakuläre Fossilfunde haben das Bild der Riesenechsen grundlegend gewandelt. **104**

MAGNETISMUS
Simulationen zeigen: Das Erdmagnetfeld ist nicht starr, sondern höchst dynamisch – mit möglicherweise dramatischen Folgen. **40**

INHALT

NR 56

VIELZELLER
Mit einem genialen Trick vermehren sich die Ahnen der Pflanzen. **64**

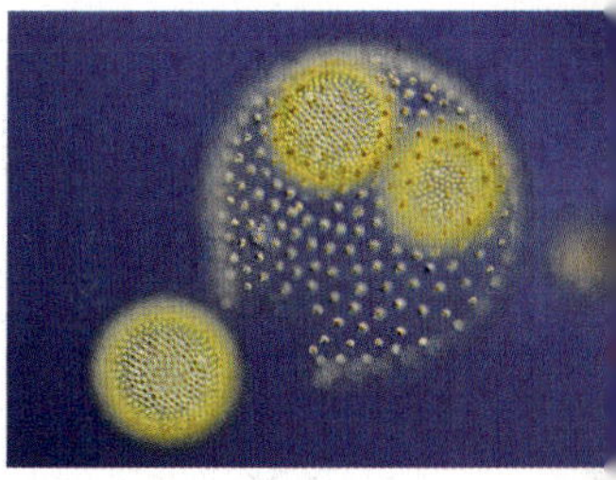

SÄUGETIERE
Schon vor 49 Millionen Jahren kümmern sich frühe Primaten um ihren Nachwuchs. **130**

Alle Fakten und Daten in diesem Heft sind vom GEOkompakt-Verifikationsteam auf Präzision, Relevanz und Richtigkeit überprüft worden. Kürzungen in Zitaten werden nicht kenntlich gemacht. Redaktionsschluss dieser Ausgabe: 17. 8. 2018. Weitere Informationen zum Thema und Kontakt zur Redaktion: www.geokompakt.de. Titelbild: Tim Wehrmann exklusiv für GEOkompakt

Die Macher

Aus der Redaktion

Wissenschaft

Dr. Daniela Schwarz

Am Museum für Naturkunde in Berlin erforscht die Expertin für Dinosaurier unter anderem fossile Reptilien und Vögel. Mit modernster Technik hat sie zuletzt Besonderheiten am Schädel eines Vertreters des Erdmittelalters enthüllt: *Tyrannosaurus rex*. Der GEOkompakt-Redaktion half Daniela Schwarz dabei, neueste Forschungsergebnisse über das Leben der Riesenechsen einzuordnen.

Art Director

Torsten Laaker

Den Themen des Heftes einen optisch opulenten Auftritt verleihen: Vor dieser Aufgabe steht der Art Director jedes Mal aufs Neue. Vor der Herausforderung also, Texte und Bilder so zu verbinden, dass mehr entsteht als die Summe aller Teile. Und in diesem Fall: die größte aller Erzählungen schon durch das Layout nachvollziehbar und zugleich fulminant aufzuspannen – die Geschichte der Erde.

Illustration

Rainer Harf

Wie von einem fremden Planeten wirken die faszinierenden Urzeitwesen, die der Biologe, Illustrator und Stellvertretende Chefredakteur von GEOkompakt am Computer zum Leben erweckt hat (Seite 78). Bei den detailreichen Rekonstruktionen der Tiere aus dem Kambrium hat sich Harf auf diverse Fossilfunde, anatomische Modelle sowie aktuelle wissenschaftliche Erkenntnisse gestützt.

Illustration

Tim Wehrmann

Seit Jahren schon übersetzt der Künstler exklusiv für GEOkompakt Wissenschaft in aufwendige Illustrationen. Für diese Ausgabe veranschaulichte er unter anderem verschiedene Stadien der Erdentstehung (Seite 8) sowie die ersten Kontinente, deren Gestalt sich aus Hypothesen ableiten lässt (Seite 46).

Dokumentation

Regina Franke

Zu welcher Zeit bildete sich der erste Kontinent? Wann entstanden die frühesten Lebewesen? Wie veränderte der Einschlag eines Asteroiden die Bedingungen auf dem Planeten? Als eine von fünf Verifikationsredakteuren hat Regina Franke alle Daten und Fakten in diesem Heft auf Präzision und Richtigkeit geprüft.

Kosmischer Nebel

Vor rund **4,6 Milliarden Jahren** wabert in einem Außenbezirk der Milchstraße eine gigantische Wolke aus Wasserstoff, Helium und winzigen Staubkörnchen umher. Dieser kosmische Koloss ist die Brutstätte unseres Sonnensystems und spannt sich über mehrere Billiarden Kilometer durch die Finsternis des Alls. Ganz allmählich beginnt die Formation unter ihrer eigenen Schwerkraft in sich zusammenzufallen. Dabei verdichtet sich die Materie mehr und mehr – und wird zum Ausgangspunkt für die Bildung der Sonne und ihrer Planeten, einer davon: unsere Erde.

Die Geschichte der Erde ist ebenso faszinierend wie bewegt: Aus winzigen Staubteilchen ballt sich in Jahrmillionen eine glühende Kugel zusammen, auf der Vulkane speien. Später bilden sich gewaltige Ozeane, dann erheben sich Landmassen aus den Fluten, und erstes Leben entsteht. Doch auf dem Weg zum blühenden Juwel im All droht unserem Planeten plötzlich eine vernichtende Katastrophe

ILLUSTRATIONEN: JOCHEN STUHRMANN, TIM WEHRMANN *exklusiv für GEOkompakt*
TEXTE: RAINER HARF

WIE AUS EINER WOLKE UNSER BLAUER PLANET WURDE

Loderndes Sternenfeuer

Der Gasnebel ist, etwa **200 000 Jahre**, nachdem er zu kollabieren begann, zu einer rotierenden Scheibe zusammengefallen. Im Zentrum des kosmischen Strudels hat sich die Materie zu einem kugelförmigen Kern geballt: zu einem Vorläufer unserer Sonne, der sogenannten Proto-Sonne. Durch seine immense Gravitation saugt der werdende Stern beständig gewaltige Mengen von Helium und Wasserstoff aus dem Gaswirbel an. Um die Proto-Sonne bildet sich ein extrem energiereiches Magnetfeld. Es ist so stark, dass es einstürzende Gasmassen zu den Polen hin ablenkt und sie als gleißend helle Jets in die Weiten des Alls schießt.

Abermilliarden Tonnen Gas schießen aus den beiden Polen der werdenden Sonne in die Tiefen des Universums

Zahllose Brocken und Felsen
umkreisen die Sonne – einige sind
so massig wie ganze Gebirgszüge

Steinerne Inseln

Weitere **100 000 Jahre** später hat sich der Nebel gelichtet – im Zentrum hat die Sonne mehr als 99 Prozent der scheibenförmigen Gaswolke in sich aufgesogen und gezündet. Doch um das Gestirn ist der Raum mitnichten leer: Die verbliebenen Staubteilchen umkreisen den strahlenden Himmelskörper. Sie prallen zusammen und bleiben dabei aneinander haften: So beginnen sich Brocken zu bilden, die wiederum kollidieren, beständig größer werden – und nun aufgrund ihrer eigenen Schwerkraft weitere Felsen an sich ziehen. Schließlich schwirren unzählige steinerne Inseln um den Stern, einige messen bereits mehrere Kilometer im Durchmesser.

In seiner **Frühzeit** hat der glutheiße Planet **wenig gemein** mit jener von Ozeanen und Kontinenten bedeckten Erde, **die wir heute kennen**

Höllischer Vorläufer

Aus dem einstigen Staub, den zahlreichen Brocken und Felsen haben sich im Verlauf von Jahrmillionen planetenähnliche Gebilde geformt: Diese sogenannten Planetesimale fliegen, vor rund **4,5 Milliarden Jahren**, auf Umlaufbahnen in Sonnennähe. Und immer mächtiger wirkt sich die Schwerkraft der Planetenvorläufer auf ihre Umgebung aus: Felsen werden kraftvoll von ihren Orbits abgelenkt und krachen mit voller Wucht auf die immer gewaltigeren Kugeln. Bei den Einschlägen ensteht enorme Hitze und lässt die Riesen aus Stein erglühen. Aus einem dieser infernalisch glimmenden Planetesimale – bereits einige Hundert Kilometer im Durchmesser – wird unser Heimatplanet erwachsen.

15

Für einen **Moment** sieht es aus, als sei **das Ende** gekommen: Die Energie der Kollision überstrahlt selbst die **Leuchtkraft der Sonne**

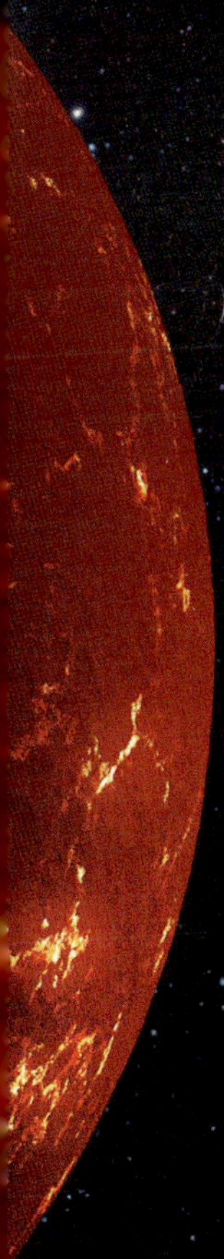

Großer Crash

Rund **70 Millionen Jahre** nachdem die Sonne gezündet hat, ist unser Planet – jetzt bereits Proto-Erde genannt – beträchtlich herangewachsen. Da kommt es zu einem folgenschweren Ereignis: Ein Himmelskörper von der Größe des Mars rast mit rund 36 000 km/h auf die Proto-Erde zu. Der Zusammenstoß setzt die Energie von zehn Billionen Wasserstoffbomben frei: Ein Lichtblitz flammt auf, große Teile des Erdmantels werden herausgeschleudert. Verdampfte Trümmer und Gestein schießen weit ins All. Doch im Laufe vieler Jahrtausende werden die lockeren Materieteilchen verklumpen – und in der Umlaufbahn der jungen Erde einen uns wohlvertrauten Trabanten bilden: den Mond.

Brodelnde Atmosphäre

Von der Erde aus gesehen wirkt der junge Mond vor knapp **4,5 Milliarden Jahren** geradezu riesenhaft: Denn anfangs umkreist der Trabant – der im Verhältnis zur Erde so groß ist wie ein Tennisball zu einem Basketball – den Planeten in nur 20 000 Kilometer Abstand. Erst mit der Zeit wird der Mond weiter ins All hinausdriften (heutzutage umrundet er die Erde in etwas mehr als durchschnittlich 384 000 Kilometer Entfernung). Durch seine Schwerkraft stabilisiert der Mond die Erdachse und ist daher für die weitere Entwicklung des Planeten überaus wichtig. Ganz allmählich erkaltet nun die Erdkruste, verfestigt sich zunehmend. Und doch brodeln überall Vulkane, die Rauch und heiße Gase ausspeien, darunter Kohlendioxid, verschiedene Schwefelverbindungen und Wasserdampf. So bildet der Auswurf der Feuerberge nach und nach eine Uratmosphäre.

Lavaströme wälzen sich über die Basaltkruste, und über unzähligen Vulkanen stehen Säulen aus stinkenden Gasen

Unaufhaltsam wallen Schwaden aus der Tiefe
empor und wandeln das Antlitz
unserer kosmischen Heimat

Der Regen verwandelt die Erde in eine dampfende Waschküche: Heißer Nebel zieht über eine karge Landschaft

Folgenschwere Sintflut

Mit der Zeit kühlt die Erde ab. Und der Wasserdampf, den die Vulkane in die immer dichtere Atmosphäre ausgespien haben und den sie beständig weiter auspusten, verflüssigt sich schließlich: Hoch oben kondensiert er zu Tropfen, die den Planeten in dichten Wolken umwehen. Und irgendwann schlägt sich das Nass als Regen nieder. Es schüttet und schüttet und hört nicht mehr auf: Unvorstellbare Mengen von Wasser prasseln herab, füllen zunächst kleine Senken und schwellen dann zu wahren Fluten an. Mit der Zeit bilden sich riesige Meere. Bis vor rund **4,2 Milliarden Jahren** beinahe der gesamte Planet von einem im Durchschnitt 4000 Meter tiefen Ozean bedeckt ist.

Babykontinente erheben sich aus dem Meeresblau – und in der Tiefe der Fluten geschieht ein Wunder

Blaues Juwel

Von den ersten Regentropfen bis zum globalen Hochwasser sind **einige Zehnmillionen Jahre** vergangen. Tiefblau erstrahlt sie nun im All, unsere Erde. Doch der junge Planet kommt nicht zur Ruhe, denn komplexe Vorgänge in und unter der Erdkruste führen dazu, dass leichtes Granitgestein aus dem Inneren nach oben drängt. Und sich schließlich so hoch auftürmt, dass erste Inseln aus den Fluten ragen, die Vorläufer von Kontinenten. Schon zu dieser Zeit, vor rund vier Milliarden Jahren, ist verborgen am Grunde der Ozeane wohl ein Prozess in vollem Gang, der so wundersam wie einzigartig ist und ohne den sich nie irgendwer jemals Gedanken hätte machen können über die Geburt und Entwicklung der Erde: Erstes Leben entfaltet sich •

GEO Vertikal-Kalender „Licht – Ein magisches Leuchten“

Sobald die Sonne knapp über dem Horizont steht und ihr Licht die Landschaften modelliert, hat sich Fotograf Stefan Hefele aufgemacht zu spektakulären Orten der Erde und unvergleichliche Lichtstimmungen eingefangen. Bilder voller Melancholie, Klarheit und Stille – präsentiert im Panorama-Hochformat.

Maße: 34x98 cm
Best.-Nr.: G729219
Preise: 49,99€ (A)/59.00 Fr. (CH)

49,99 €

Vorteilspreis für Abonnenten:
44,99 €

GEO-Kalender „Sehnsucht Wald“

Weniges rührt der Deutschen Seele so sehr wie der Wald. Fotograf Kilian Schönberger begibt sich im deutschen Forst auf die Suche nach märchenhaften Stimmungen. Seine stärksten Bilder von Rügen, aus dem wildromantischen Pfälzer und dem rauen Bayerischen Wald vereint dieser Kalender: eine Entdeckungsreise durch die Wälder der Heimat.

Maße: 60x55 cm
Best.-Nr.: G729232
Preise: 49,99€ (A)/59.00 Fr. (CH)

49,99 €

Vorteilspreis für Abonnenten:
44,99 €

Coupon einfach ausfüllen, ausschneiden und senden an: GEO Kundenservice, 74569 Blaufelden

GEO-Bestellcoupon – versandkostenfreie Lieferung ab 80,– €!

Ich bestelle folgende Artikel:

Produktbezeichnung	Best.-Nr.	Preis D	Menge
☐ GEO SAISON Panorama-Kalender „Orte der Stille“	G729226	99,99€	
☐ GEO SAISON Kalender „Im Licht des Nordens“	G729229	29,99€	
☐ GEO Kalender-Klassiker „Traumpfade“	G729222	49,99€	
☐ GEO Vertikal-Kalender „Licht – Ein magisches Leuchten“	G729219	49,99€	
☐ GEO-Kalender „Sehnsucht Wald“	G729232	49,99€	
Gesamtsumme: (zzgl. 3,90€ Versandkosten, versandkostenfreie Lieferung ab einem Bestellwert von 80,00€)			

Meine persönlichen Angaben: (bitte unbedingt ausfüllen)

Abonnentennummer (wenn vorhanden)

Unter Angabe der Abonnentennummer wird automatisch der Abovorteilspreis berücksichtigt.

Name | Vorname

Geburtsdatum

Straße | Nummer

PLZ | Wohnort

Telefon

E-Mail

☐ Ja, ich bin damit einverstanden, dass GEO und Gruner+Jahr mich künftig per E-Mail oder Telefon über interessante Medien- und Produktangebote ihrer Marken informieren. Der Nutzung meiner Daten kann ich jederzeit widersprechen.

☐ **Ich zahle per Rechnung**

☐ **Ich zahle bequem per Bankeinzug** (nur in Deutschland möglich)

BIC

IBAN

Bankinstitut

SEPA-Lastschriftmandat: Ich ermächtige die Gruner+Jahr GmbH, Am Baumwall 11, 20459 Hamburg, Gläubiger-Identifikationsnummer DE31ZZZ00000031421, wiederkehrende Zahlungen von meinem Konto mittels Lastschrift einzuziehen. Zugleich weise ich mein Kreditinstitut an, die von der Gruner+Jahr GmbH auf mein Konto gezogenen Lastschriften einzulösen. Die Mandatsreferenz wird mir separat mitgeteilt. **Hinweis:** Ich kann innerhalb von 8 Wochen, beginnend mit dem Belastungsdatum, die Erstattung des belasteten Betrages verlangen. Es gelten dabei die mit meinem Kreditinstitut vereinbarten Bedingungen.

(Auslandspreise auf Anfrage.)

Widerrufsrecht: Sie können die Bestellung binnen 14 Tagen ohne Angabe von Gründen formlos widerrufen. Die Frist beginnt an dem Tag, an dem Sie die erste bestellte Ware erhalten, nicht jedoch vor Erhalt einer Widerrufsbelehrung gemäß den Anforderungen von Art. 246a § 1 Abs. 2 Nr. 1 EGBGB. Zur Wahrung der Frist genügt bereits das rechtzeitige Absenden ihres eindeutig erklärten Entschlusses, die Bestellung zu widerrufen. Sie können hierzu das Widerrufs-Muster aus Anlage 2 zu Art. 246a EGBGB nutzen. Der Widerruf ist zu richten an: GEO Versandservice, 74569 Blaufelden; Telefon:+49(0)40–42236427; Telefax: +49(0)40–42236663; E-Mail: guj@sigloch.de

Aktionsnr.: G00154

Datum | Unterschrift

DIE GEB

DES

TEXT: MARTIN PAETSCH UND RAINER HARF
ILLUSTRATIONEN: TIM WEHRMANN
exklusiv für GEOkompakt

Rauchende Schlote

Heiße mineralstoffhaltige Brühe aus dem Erdinneren strömt aus diesen unterseeischen Kaminen ins salzige Meerwasser. In der Nähe derartiger Schlote (»Black Smoker«) entstehen wahrscheinlich die frühesten Zellen – und bildet sich damit das erste Leben auf der noch jungen Erde

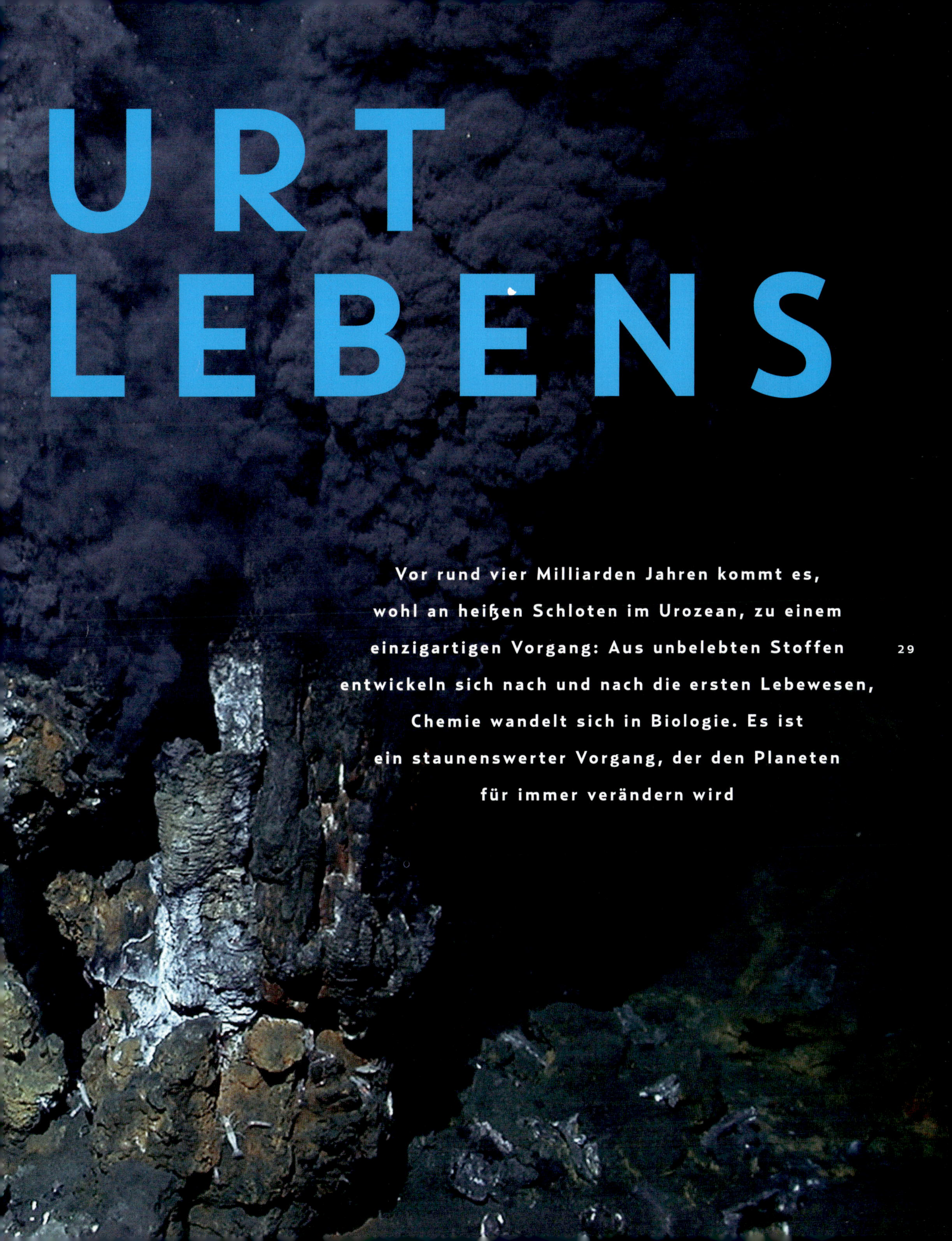

URT LEBENS

Vor rund vier Milliarden Jahren kommt es, wohl an heißen Schloten im Urozean, zu einem einzigartigen Vorgang: Aus unbelebten Stoffen entwickeln sich nach und nach die ersten Lebewesen, Chemie wandelt sich in Biologie. Es ist ein staunenswerter Vorgang, der den Planeten für immer verändern wird

Es ist gut 500 Millionen Jahre her, seit sich aus dem Staub früherer Sterne die Erde zusammengeklumpt hat. Erst war sie noch eine glühende Feuerkugel, dann entwickelte sie eine feste Kruste. Und war nach Millionen Jahren andauernden Regens schließlich von Ozeanen bedeckt.

Doch dieser Planet ist nun, vor rund vier Milliarden Jahren, ein steriler Ort aus unbelebter Chemie, geprägt von Metallen, Mineralen und Energie. Allerorten schlagen Asteroide in die Fluten des Urmeers und bringen sie zum Kochen.

Und doch bahnt sich bereits jetzt ein Prozess an, der die Erde wie kein anderer verändern wird. Ein wundersamer Vorgang, womöglich einmalig in der Geschichte des Universums: Aus unbelebter Materie entsteht Leben. Es ist die Verwandlung von Chemie in Biologie.

Dieser Schöpfungsakt vollzieht sich höchstwahrscheinlich in der Tiefe des Ozeans. Dort unten, in den Wänden heißer Schlote am Meeresgrund, zündet der Funke des Seins. Scheinbar wie von Geisterhand schließen sich Atome zusammen und bilden Ketten; Moleküle beginnen zusammenzuarbeiten und formen schließlich das erste Wesen: eine Urzelle.

Ein primitiver Organismus noch, mikroskopisch klein, labil, verletzlich. Aber dennoch: ein Lebewesen.

Ein Organismus also, der von seiner Außenwelt durch eine Hülle abgeschirmt ist, einen Körper hat. Ein Wesen, das Energie nutzt, um biochemische Reaktionen in Gang zu setzen, das Stoffwechsel betreibt. Und das seinen Bauplan in Form eines kopierbaren genetischen Codes im Inneren trägt und sich vermehren kann.

Selbst diese einfachen Zellen, die Grundeinheiten des Lebens, sind Meisterwerke von ungeheurer Komplexität. Sie sind so vielschichtig und ausgereift, dass kein noch so schneller Computer sämtliche Abläufe in ihrem Inneren simulieren könnte: Jede dieser Urzellen besteht aus 26 Millionen Molekülen, darunter komplexe Eiweiße, von denen manche aus über 100 000 Atomen bestehen.

Wo konnten sie sich bilden unter den höllischen Bedingungen, die damals auf der Erde herrschten?

Der Beginn des Lebens, so vermuten die meisten Forscher, erfolgte in mehreren Schritten, ein jeder entscheidend für die Genese der ersten Zellen:

I. In Tiefsee-Schloten bildete sich ein besonderes chemisches Milieu.

II. Komplexe Moleküle aus Kohlenstoff und anderen Substanzen formten sich.

III. Unter ihnen kam es zum Wettkampf, bei dem erste Eiweiße entstanden.

IV. Die DNS entwickelte sich – die Erbsubstanz des Lebens.

V. Lebende Zellen brachen aus den Schloten aus und besiedelten den Ozean.

Die Zellen, die am Ende dieses Prozesses entstanden, waren mikroskopisch klein. Und doch war der Sprung vom Leblosen zum Lebendigen weitaus größer als die später folgenden vom Ein- zum Vielzeller, vom Urwurm zum Menschen.

Denn das größte Wunder des Lebens war: seine Entstehung.

I. BRUTKAMMERN DES LEBENS

Wie Kämmerchen in Tiefsee-Schloten ideale Voraussetzungen für die Entstehung erster Urzellen bieten

Auf dem infernalischen Planeten gibt es womöglich nur einen Ort, der zumindest notdürftigen Schutz vor zerstörerischen Naturgewalten bietet: den Meeresboden.

Wohl bis zu fünf Kilometer tief ist der archaische Ozean. Die enorme Wasserschicht wirkt wie ein Schutzschild, blockiert die gefährliche UV-Strahlung. In dieser finsteren Welt sprudelt mancherorts heißes Wasser aus dem Ozeanboden. Einige der hydrothermalen Quellen liegen direkt über Magmakammern mit geschmolzenem Gestein, und so ist das aus dem Boden schießende Wasser rund 400 Grad Celsius heiß. Keine geeignete Temperatur für jene empfindlichen Moleküle, die zur Entstehung des Lebens nötig sind.

Doch abseits dieser kochend heißen Fontänen gibt es Risse im Meerboden, durch die Wasser ins Gestein der Erdkruste strömen kann, bis zu fünf Kilometer tief in den Grund.

Dort reagiert es mit Mineralen im Gestein, löst sie heraus und erwärmt sich. Wenn es aus der Tiefe emporquillt, ist es 40 bis 90 Grad warm – und gleicht chemisch einer starken Seifenlauge. Es ist eine Flüssigkeit, die völlig anders beschaffen ist als der Ozean ringsum. Denn die damalige Erdatmosphäre ist voller Kohlendioxid, das Vulkane beständig ausspeien, und dieses Gas wird in großen Mengen vom Urozean aufgenommen: Im Wasser löst es sich teils als Kohlensäure und verwandelt dadurch das Wasser in eine schwach saure Brühe.

Dort, wo die beiden so ungleichen Lösungen – die Säure aus dem Ozean und die Lauge aus der Erdtiefe – aufeinandertreffen, kommt es zu chemischen Reaktionen. Als Folge reagieren Mineralstoffe miteinander, die zuvor in den Flüssigkeiten gelöst waren, und rieseln nun in Form winziger fester Partikel auf den Meeresboden. Mit der Zeit formen sich aus den Mineralen immer mächtigere Ablagerungen. Und allmählich wachsen meterhohe Schlote aus miteinander vernetzten Poren und Kanälen empor. Deren Wände bestehen aus eisenhaltigen Mineralen und bergen zahllose winzige Kämmerchen. Manche dieser Bläschen messen nur wenige Tausendstel Millimeter.

Diese Hohlräume werden, so eine weitverbreitete Theorie, Brutkammern des Lebens, die Vorläufer heutiger Zellen.

Anfangs enthalten sie nur warmes Quellwasser, angereichert mit Stoffen, die bei Reaktionen in der Tiefe entstanden sind, darunter Ammoniak und Schwefelwasserstoff.

Doch schon jetzt besitzen sie eines der wichtigsten Merkmale des Lebens: eine Umhüllung. Sie bilden also kleine,

Ursprung in der Tiefe

In den porösen Wänden unterseeischer Kamine reifen die ersten Lebewesen – einfach gebaute Zellen – in mehreren Schritten heran. Angetrieben wird dies von Energie aus dem Erdinneren

Teil 2: Ausbruch aus dem Schlot

Die Gesteinsbläschen umschließen sich mit einer Hülle. Bricht ein Schlot zusammen, entweichen die nun fertigen winzigen Lebewesen in den Ozean (im Detail siehe Seite 46)

Teil 1: Die ersten Biomoleküle

In winzigen Gesteinsbläschen schließen sich einfache chemische Verbindungen zu immer komplexeren Molekülen zusammen. Nach und nach entstehen so etwa die ersten Eiweiße (im Detail siehe Seite 44)

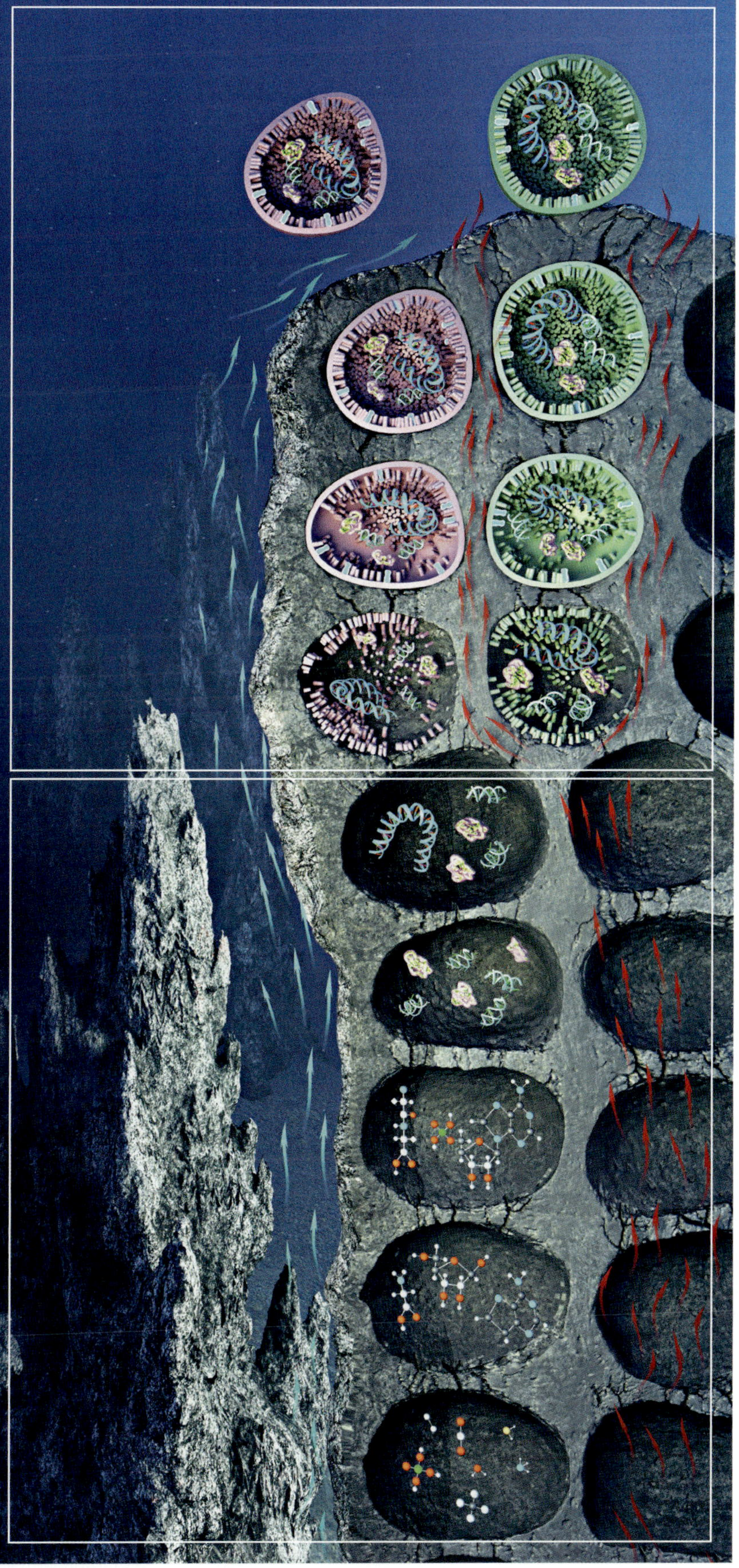

in sich geschlossene Räume, die durch eine Art Haut aus bestimmten Eisen-Schwefel-Verbindungen von der Außenwelt getrennt sind. Diese mineralische Hülle ist fest genug, um die im Bläschen enthaltenen Moleküle vom Ozean abzuschirmen – und zugleich ausreichend durchlässig, um gewisse Stoffe von außen einströmen zu lassen. Zudem wirken die Minerale der Wand wie chemische Katalysatoren – sie beschleunigen also manche Reaktionen.

Im Inneren der kleinen Kämmerchen kann sich daher ein völlig eigenes chemisches Milieu entwickeln.

Umspült werden die Bläschen von einer Substanz, auf der alles Leben einst aufbauen wird: Kohlenstoff, enthalten im Kohlendioxid, das im Ozean gelöst ist.

Kein anderes Element eignet sich so gut dafür, neue chemische Verbindungen in allen nur denkbaren Formen zu bilden. Denn Kohlenstoff ist chemisch überaus bindungsfreudig: Beliebig viele seiner Atome können sich aneinanderreihen und so große Moleküle in Form von Ringen, Gittern oder langen Ketten formen.

An diese Gerüste vermögen sich wiederum andere Elemente anzudocken, darunter Wasserstoff, Sauerstoff, Stickstoff oder Schwefel. Nach dem Baukastenprinzip können auf diese Weise Hunderte unterschiedlicher Stoffe entstehen.

II. MOLEKÜLE ALS MASCHINEN

Wie Energie aus dem Erdinneren chemische Reaktionen antreibt – und sich komplexe Moleküle formen

Im Inneren der steinernen Bläschen kommt es immer wieder zu neuen chemischen Reaktionen, bilden sich fortwährend neue Stoffe, aufgebaut aus Kohlenstoff und anderen Substanzen.

Manche dieser Moleküle gleichen mikroskopisch kleinen Maschinen, denn sie vermögen unter Aufwendung von Energie bestimmte Prozesse in Gang zu halten. Die Moleküle sind also – eben wie Maschinen – imstande, Arbeit zu verrichten: Sie können beispielsweise andere Moleküle transportieren, die Bindungen zwischen bestimmten Atomen aufbre-

Teil 1: Die ersten Biomoleküle

In winzigen Felskammern zündet der Funke des Lebens

5. Das Erbmolekül DNS wird geschaffen
Neben der RNS entsteht ein anderes Molekül, die Desoxyribonukleinsäure (13). Die DNS bildet einen Doppelstrang, der einer Wendeltreppe ähnelt, und ist weit stabiler als die RNS. Sie übernimmt fortan die Speicherung von Informationen (etwa für den Bau von Eiweißen) und wird so zur Erbsubstanz. Damit ist aus der Molekülsuppe in den Gesteinsbläschen schon fast ein Organismus geworden, eine Proto-Zelle. Sie vermag Nachkommen zu zeugen, indem sie Kopien ihrer DNS an andere Gesteinskämmerchen weitergibt, und sie nutzt Energie, um Substanzen zu bilden, betreibt also Stoffwechsel. Fortbewegen kann sie sich allerdings noch nicht – sie ist gefangen in einer steinernen Hülle. Und doch ist sie die Urahnin aller sich später entwickelnden Zellen.

4. RNS und Eiweiße treten auf
Die Nukleotide verknüpfen sich zu langen Ketten, der Ribonukleinsäure (11). Diese RNS besteht unter anderem aus Zucker und jeweils einer von vier Nukleinsäurebasen. Dies ist vermutlich das erste Molekül, das sich selbst kopieren und vervielfältigen kann – eines der Grundmerkmale sämtlicher Lebewesen. Die Peptide wiederum fügen sich zu unterschiedlichen Eiweißen (12) zusammen. Schließlich kommt es zu einer Kooperation: Die RNS entwickelt sich zu einem Bauplan, der bei der Produktion von Eiweißmolekülen deren jeweilige Gestalt bestimmt.

3. Nukleotide und Peptide bilden sich
Infolge weiterer Reaktionen vereinigen sich bestimmte Substanzen in den Kämmerchen zu sogenannten Nukleotiden (9), den Einheiten etwa der ersten Erbmoleküle. Schließlich bilden sich verschiedene Nukleotide, die jeweils aus einem (von zwei unterschiedlichen) Zuckermolekül, einer energiereichen Phosphatverbindung und einer von fünf sogenannten Nukleinsäurebasen (Adenin, Guanin, Thymin, Cytosin, Uracil) zusammengesetzt sind. Unabhängig davon verknüpfen sich manche Aminosäuren zu kurzen Ketten, den Peptiden (10), Vorstufen der Eiweißmoleküle.

2. Zucker, Aminosäuren und Nukleinsäurebasen entstehen
Die Kämmerchen werden zu Minilaboren: Chemische Substanzen sammeln sich in ihnen und verbinden sich zu neuen Stoffen. In den von 40 bis 70 Grad Celsius warmem Wasser durchströmten Kammern herrschen dafür ideale Bedingungen. In ihnen entstehen größere Moleküle, darunter Zuckerverbindungen (6), Aminosäuren (7) sowie Nukleinsäurebasen (8): Bausteine komplexer organischer Substanzen. Die Eisen-Schwefel-Hülle der Gesteinsbläschen beschleunigt die chemischen Reaktionen.

1. Der Prozess beginnt
In den Wänden unterseeischer Schlote gibt es winzige Kammern aus Eisen-Schwefel-Verbindungen, die von schwach saurem Ozeanwasser (blaue Pfeile) umspült werden. Die Hüllen dieser Gesteinsbläschen sind so porös, dass sie untereinander in Verbindung stehen. Durch den schwammartigen Fels fließt heißes Quellwasser, das einer Seifenlauge ähnelt (rote Pfeile). Es schwemmt Stoffe aus dem Inneren der Erde herauf, darunter Ammoniak (1), Wasserstoff (2) und Schwefel (3), die u. a. mit Phosporverbindungen (4) aus dem Wasser des Ozeans reagieren. Denn beim Zusammentreffen der beiden unterschiedlichen Flüssigkeiten (Ozeanwasser und Quellwasser) kommt es zu chemischen Reaktionen, bei denen Energie frei wird und neue Stoffe wie etwa Methan (5) entstehen.

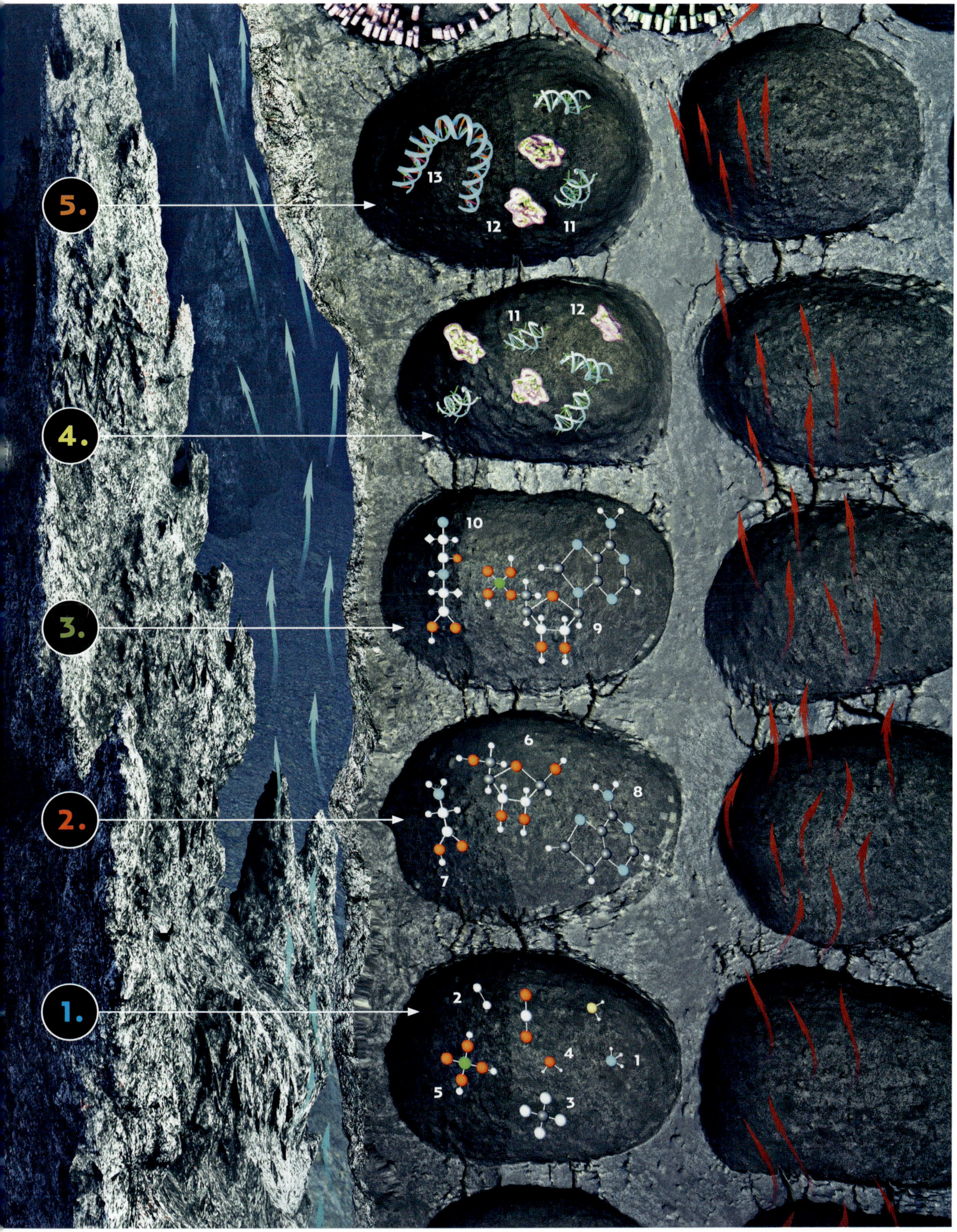

5.
4.
3.
2.
1.
13
12
11
11
12
10
9
6
8
7
2
4
1
5
3

chen, sodass eine chemische Verbindung in zwei neue aufgespalten wird. Oder sie verschmelzen zwei andere Moleküle so miteinander, dass aus dem Zusammenschluss neue Mikromaschinen mit anderen Eigenschaften entstehen.

Und was auch immer diese winzigen Automaten tun: Ihnen allen liegt ein Gerüst von Kohlenstoffatomen zugrunde.

Damit sich aber überhaupt solche Moleküle bilden können, ist Energie nötig – und die entströmt der Erde: Denn das aus der Tiefe emporsteigende Quellwasser, das die Bläschen durchfließt, enthält energiereichen Wasserstoff. Der kann sich mit dem im Kohlendioxid enthaltenen Kohlenstoff verbinden. Dieser Prozess findet auf der frühen Erde vermutlich nur hier in diesem Maße statt.

Zwar läuft diese Reaktion in der Regel sehr langsam ab. Doch die Eisen-Schwefel-Verbindungen, welche die Hülle der Bläschen bilden, wirken wie chemische Beschleuniger und fördern die Verbindung der zwei Stoffe.

Durch einen weiteren Umstand gelangen die Vorläufer der Urzellen an noch mehr Energie: Die Bläschen werden außen vom Meerwasser umflossen, das zu dieser Zeit eine schwache Säure ist; innen sind sie dagegen mit einer starken Lauge gefüllt. Zwischen diesen beiden Lösungen besteht ein elektrisches Gefälle, denn geladene Teilchen in der Säure strömen zur Lauge hin – ähnlich wie Wasser, das einen Hang hinunterfließt.

Und so gelangen die winzigen Ladungsträger aus dem Meerwasser durch die steinerne Hülle ins Innere der Kammern. Dieser Teilchenstrom bringt beständig Energie mit sich und hilft so, chemische Reaktionen anzutreiben.

Anfangs produziert die Verbindung von Wasserstoff und im Wasser gelöstem Kohlendioxid recht simple Moleküle wie etwa Methan (eine Substanz aus nur vier Atomen). Doch nach und nach bilden sich komplexere Verbindungen, in denen neben Kohlenstoff, Wasserstoff und Sauerstoff auch andere Elemente wie etwa Stickstoff eingebunden werden.

Jede der mineralischen Kammern ähnelt also einem Labor: In ihm vermischen sich mehrere Chemikalien miteinander. Zahllose Labore reihen sich in der Schlotwand aneinander. Und in allen ist die Mixtur unterschiedlich, in jedem herrschen andere Bedingungen. Denn abhän-

Teil 2: Ausbruch aus dem Schlot

Die Proto-Zellen können sich ernähren, vermehren und haben eine – anfangs noch steinerne – Hülle. So ausgestattet, setzen sich zwei Großgruppen durch

9. Der Übergang zum freien Dasein
Wohl nur wenige Millionen Jahre später lösen sich manche der nun selbstständigen Zellen von ihren Gesteinskammern – vielleicht, weil die Wände der unterseeischen Schlote einstürzen. Die Vorläufer der Bakterien und der Archaeen entweichen aus ihren steinernen Brutkästen und leben fortan in der Nähe der Schlote in Rissen und Spalten. Dort vermehren sie sich und besiedeln nach und nach ihre Umwelt. Spätestens 2,2 Milliarden Jahre später wird aus dem Ahnenzweig der Archaeen eine dritte Domäne des Lebens hervorgehen, die der Eukaryoten (Zellen mit Kern). Diese ersten Eukaryoten sind die Urahnen aller höheren Organismen: der Pflanzen, Pilze und Tiere.

8. Das Leben spaltet sich endgültig in Bakterien und Archaeen
Die Vorläufer der Bakterien und Archaeen verfügen nun über je zwei Schutzhüllen, die durchlässig sind für bestimmte Stoffe: eine lipidhaltige Membran (17) sowie eine widerstandsfähige Zellwand (16). Die Zellen vermögen jetzt aus einfachen Stoffen zahlreiche komplexe Moleküle zu erzeugen, etwa RNS (11) und Eiweiße (12). Sämtliche Informationen über deren Aufbau speichern sie in ihrer Erbsubstanz, der DNS (13). All diese Merkmale machen die Gebilde zu den ersten echten Lebewesen. Sie begründen vor rund 3,8 Milliarden Jahren zwei Domänen im Stammbaum der Organismen: die Vorläufer der Archaeen (im Bild links) und die der Bakterien (rechts).

7. Beide Typen entwickeln Biomembranen und stabile Zellwände
Die Lipid-Hüllen kleiden die Innenseite der steinernen Bläschen immer weiter aus. In sie lagern sich spezielle Eiweiße (15) ein, die die energiereiche Spannung zwischen der Außen- und Innenseite der Felskammern nutzen können. Diese Spannung treibt wiederum chemische Prozesse voran. Zudem entwickelt jeder der beiden Proto-Zelltypen eine zweite, noch robustere Schutzschicht – die Zellwand (16). Diese Wände verleihen den sich entwickelnden Zellen Form und Festigkeit. Auch sie unterscheiden sich bei den Vorläufern der bald die Meere bevölkernden Bakterien und Archaeen in ihrer chemischen Zusammensetzung.

6. Zwei Typen von Proto-Zellen entstehen
Die Proto-Zellen stellen bald auch Lipide her (14). Das sind Moleküle mit einem wasserabweisenden Bereich, zu denen unter anderem die Fettsäuren gehören. Diese Lipide lagern sich an der Innenseite der steinernen Kammern in den Felsschloten an. Allmählich wächst dort eine organische Hülle heran, deren Bauplan ebenfalls in der DNS gespeichert ist. Bereits in diesem Stadium haben sich in den kleinen Laboren unabhängig voneinander zwei Wege durchgesetzt, Lipid-Varianten zu bilden. Daher gibt es nun zwei Arten von Kammern mit jeweils einer von zwei chemisch unterschiedlichen Hüllen (rote Schraffur in der linken Kammer, grüne in der rechten). Damit trennt sich das frühe Leben in zwei Großgruppen auf: in die Vorformen der Bakterien (im Bild rechts) und in die der späteren Archaeen (links) – winzigen Mikroorganismen, deren weiterentwickelte Nachfahren bis heute auf der Erde vorkommen.

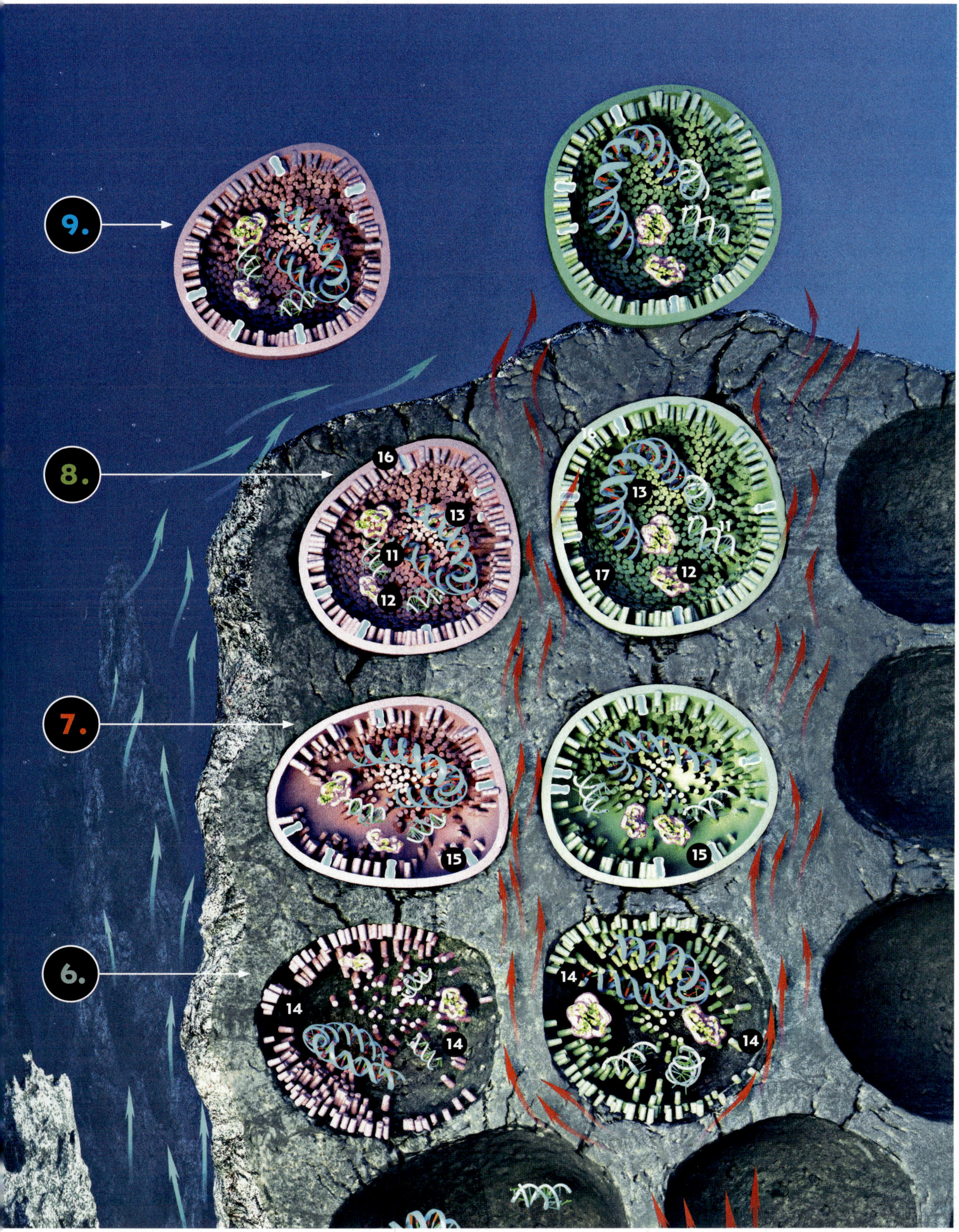
9.
8.
7.
6.
16
13
11
12
13
17
12
15
15
14
14
14
14

gig von der Entfernung zur Quelle, ist die Lauge wärmer oder kühler, und von Kammer zu Kammer schwanken die Konzentrationen der verschiedenen Moleküle.

Das Labyrinth aus Hohlräumen gleicht einem Laborkomplex, in dem etliche Versuche parallel ablaufen. Einem Experimentierfeld der Natur, auf dem immer neue Reaktionen erprobt werden.

III. WETTSTREIT DER MOLEKÜLE

Wie es in der Tiefsee zu einem Konkurrenzkampf der Substanzen kommt und sich erste Eiweiße bilden

Einige der zahllosen chemischen Reaktionen in den Gesteinsbläschen kommen schnell zum Erliegen. In anderen Minilabors aber werden die chemischen Prozesse immer komplexer. Denn jene Substanzen, die bei ersten, noch einfachen Reaktionen entstanden sind, dienen nun als Ausgangsstoffe für weitere Prozesse.

So bildet sich nach und nach eine Kette chemischer Reaktionen, die immer neue Zwischenprodukte hervorbringt.

In den Bläschen setzen sich dabei jene Reaktionen durch, die die meiste Energie bereitstellen und so sehr effizient den Bau von Molekülen ermöglichen – und die dadurch andere, zum Beispiel langsamer ablaufende Reaktionen verdrängen.

In einigen Bläschen etablieren sich schließlich sogar stabile chemische Kreisläufe, die kontinuierlich weiterlaufen.

Man kann sich das so vorstellen: Stoff A verbindet sich mit Stoff B zu einem neuen Stoff C. Der wiederum reagiert mit einem anderen Stoff D. Bei dieser Reaktion bilden sich zwei neue Verbindungen E und F – und zudem entsteht auch wieder der Ausgangsstoff A.

Da aus dem Erdinneren Stoff B beständig in die Bläschen nachströmt, kann sich Stoff A mit B wieder zu C verbinden – und der Kreislauf beginnt von Neuem.

Kleinen Fabriken gleich, produzieren die Bläschen einen steten Strom neuer Verbindungen. Diese Moleküle sammeln sich in den Hohlräumen und konzentrieren sich dort immer weiter.

Thermale Zonen

Am Grund des Nordatlantik haben sich in den Randgebieten von Black Smokers diese weißlichen Kamine gebildet und stoßen warmes, mit speziellen Stoffen angereichertes Wasser aus. Solche Gebilde sind vermutlich die Brutstätte des Lebens

Schwappt ein Teil dieser Molekülsuppe nun auf andere Bläschen über, können sie dort die gleichen Reaktionen anstoßen: So vermag sich ein erfolgreicher chemischer Kreislauf (also etwa der Kreislauf, der besonders viel Energie nutzt und dabei rasch neue Verbindungen erzeugt) über seine Nachbarschaft auf zahlreiche weitere Kämmerchen auszudehnen.

Zwischen den Bläschen ist damit eine Art Wettstreit entbrannt – eine chemische Evolution, bei der sich Reaktionen durchsetzen, die besonders effizient sind.

Nach und nach reifen in diesem Prozess immer komplexere Moleküle heran. Zu den ersten größeren Molekülen, die durch die Bläschen treiben, zählen Aminosäuren, die Grundbausteine der Eiweiße. Denn mehrere Aminosäuren können sich zu Ketten zusammenschließen, ähnlich wie Perlen auf einer Schnur. Auf diese Weise bilden sich die ersten Eiweiße.

Und noch eine weitere Klasse wichtiger Stoffe entsteht früh: die Nukleotide, die Grundbausteine der späteren Erbmoleküle. Es bilden sich verschiedene Arten von Nukleotiden, die jeweils aus einem Zuckermolekül, einer energiereichen Phosphatverbindung sowie einer von fünf sogenannten Nukleinsäurebasen (Adenin, Guanin, Thymin, Cytosin, Uracil) zusammengesetzt sind. Anfangs schweben diese Stoffe nur vereinzelt in den Bläschen umher. Doch schließlich verbinden sich viele dieser Nukleotide zu längeren Ketten: zu Ribonukleinsäuren, kurz RNS.

Jedes RNS-Molekül sieht aus wie ein winziger Faden, der sich zu einer ganz bestimmten Form zusammenknäuelt – je nachdem, in welcher Reihenfolge sich die unterschiedlichen Nukleotide zusammenschließen.

IV. DER CODE DES LEBENS

Wie die Ribonukleinsäuren die ersten Erbmoleküle bilden

Wahrscheinlich beschleunigen die RNS-Moleküle verschiedene biochemische Reaktionen, wie etwa die Verkettung von Aminosäuren: Mithilfe der RNS lassen sich die Aminosäuren offenbar weitaus rascher zu Eiweißen verknüpfen.

In modernen Zellen bestimmt die jeweilige Basenabfolge von RNS-Molekülen, in welcher Reihenfolge sich welche Aminosäuren zusammenfügen. Die RNS-Moleküle legen also den Aufbau jedes Eiweißmoleküls fest.

Wie es in den Urzellen zu dieser Innovation kam, ist nicht bekannt. Irgendwann jedenfalls, so viel steht fest, muss es in jener Vorzeit des Lebens in einigen Kammern zu einem weiteren Schritt gekommen sein, der die Chemie noch ein deutliches Stück näher an die Schwelle zur Biologie stellt: Eiweiße und RNS beginnen sich gegenseitig zu unterstützen.

Das heißt: RNS-Moleküle beschleunigen nun die Bildung ganz bestimmter Eiweiße, die ihrerseits die Bildung neuer RNS-Moleküle befördern. Der Aufbau und die Form dieser RNS-Moleküle bestimmen damit nicht nur, welche Eiweiße gebildet werden: Die RNS-Moleküle können sich zudem mit ebendieser Information selbst vermehren. Sie besitzen gewissermaßen einen Bauplan ihrer selbst.

Damit bilden sich in den Bläschen die ersten Erbmoleküle – Datenträger, die chemische Prozesse beeinflussen und sich auch selbst vervielfältigen können.

Ein primitiver genetischer Code ist entstanden: eine komplexe Abfolge von molekularen Bausteinen (Nukleotiden),

Hydrothermal-Quellen

Brutkammern der ersten Zellen

Mineralstoffe aus dem Erdinnern formen jene Tiefseekamine, an denen einst wohl das Leben entstanden ist

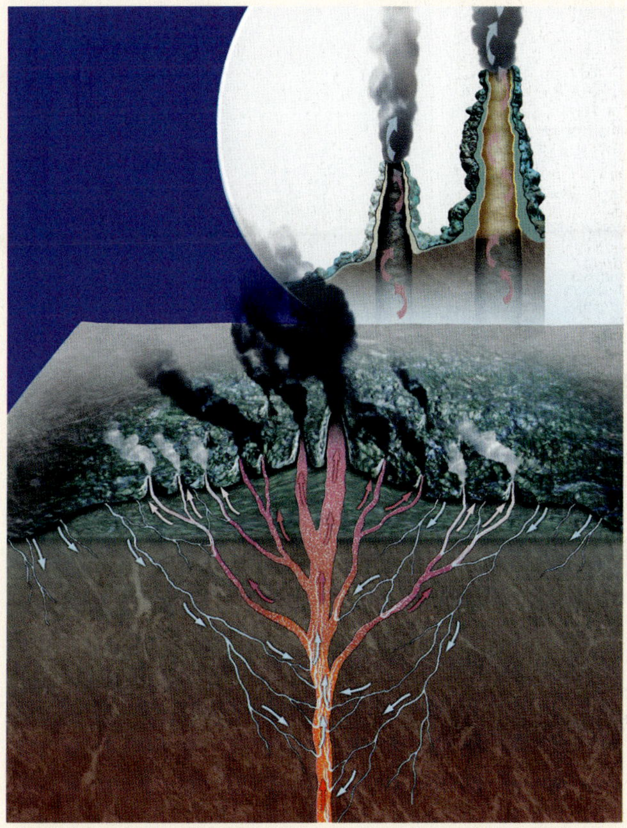

Wo die Erdkruste dünn und rissig ist, kann Wasser tief in den Meeresgrund eindringen. Dort erhitzt es sich durch den Kontakt mit glühendem Magma auf bis zu 400 Grad Celsius und schießt dann empor. Trifft die heiße Brühe aufs kalte Meerwasser, flocken gelöste Minerale als schwarz-gräuliche Wolken aus. Die lagern sich ab und bilden bis zu 20 Meter hohe Schlote: »Black Smokers«. Nahebei gelangt ebenfalls Ozeanwasser in die Meereskruste. Da es keinen Kontakt zum Magma hat, steigt es nur auf bis zu 90 Grad erwärmt wieder auf. Die Wände der dabei entstehenden weißlichen Schlote (»White Smokers«) bestehen aus winzigen mineralischen Kammern und bieten wohl gute Bedingungen für die Bildung komplexer Moleküle und der ersten Zellen.

die sich vermehren und damit weitergegeben werden können (ein weiteres Kriterium dafür, dass ein Gebilde als „lebendig" bezeichnet wird).

Die RNS-Moleküle haben aber einen Nachteil: Sie sind nicht besonders stabil. Immer wieder zerfallen sie, brechen auseinander, verlieren Form und Funktion.

Niemand weiß, wie viele Jahrtausende oder Jahrmillionen dieser Prozess andauert. Doch irgendwann werden die RNS-Moleküle von einem neuen, weitaus stabileren Erbmolekül abgelöst.

Es besteht aus zwei Nukleotid-Fäden, die sich in einer doppelten Spirale umeinander winden: die DNS (Desoxyribonukleinsäure). Damit ist aus der Molekülsuppe nach der Definition von Biologen schon fast ein Organismus geworden, eine primitive Vorläuferzelle.

Extreme Partnerschaft

Bis heute leben Organismen an Tiefseeschloten – etwa diese Riesenbartwürmer im Pazifik. Die bis zu drei Meter langen rötlichen Tiere leben in enger Symbiose mit Schwefelbakterien, die chemische Energie aus dem Erdinneren nutzen

Denn diese Vorläuferzelle:

- wird von einer Hülle umgeben;
- sie betreibt Stoffwechsel – das heißt, dass in ihr komplexe chemische Reaktionen in Gang gehalten werden;
- sie besitzt einen genetischen Code.

Zudem vermag sie sich durch Veränderungen der DNS (ausgelöst etwa durch zufällige Fehler bei der Vervielfältigung des genetischen Codes) weiterzuentwickeln. Denn je nachdem, in welcher Reihenfolge sich Nukleotide im Erbmolekül zusammenfügen, werden unterschiedliche Eiweiße produziert und so auch neue Reaktionsketten vorangetrieben.

Damit ist ein weiteres wichtiges Kriterium geschaffen, das sämtliche Lebensformen auf der Erde vereint: Ihre DNS ist wandelbar, sie kann sich von Generation zu Generation verändern und im günstigsten Fall ihrem Träger neue vorteilhafte Eigenschaften bescheren.

Eines allerdings können diese Vorläufer des Lebens noch nicht: sich fortbewegen. Sie sind gefangen in einer mineralischen Hülle, ohne die sie die für die Reaktionen in ihrer Zelle benötigte Energie nicht aufbringen können.

Noch bestehen sie gleichsam nur zur Hälfte aus Leben, also aus Erbsubstanz und Biomolekülen – und aus totem Material, das sie wie eine Haut umhüllt.

V.
AUFBRUCH INS MEER

Wie sich die Urzellen mit einer Biohülle umgeben – und den Schritt ins offene Wasser schaffen

Die Vorläufer der ersten Zellen sind vorerst noch angewiesen auf die Mineralhülle, die ihnen Form verleiht: Brechen die Wände der Kamine zusammen, entweicht der Lebenssaft aus den Bläschen und verflüchtigt sich im Meer.

Doch in jenen Tiefseeschloten, die intakt bleiben, stellen die biochemischen Reaktoren bald auch andere Verbindungen selbst her: Lipide. Diese fettartigen Moleküle lagern sich zunächst an der Innenseite der mineralischen Bläschen an.

Anfangs bilden sie winzige Flecken auf der steinernen Schale, doch nach und nach verschmelzen die Flecken miteinander, sodass sie die Bläschen schließlich auskleiden – wie eine feine Haut. Aus der Lipidschicht entwickelt sich also mit der Zeit eine organische Zellmembran.

Nun sind die Urzellen so weit gereift, dass ein Zusammenbruch der Tiefseeschlote keinem Todesstoß mehr gleichkommt – sondern vielmehr: einer Befreiung. Denn jetzt können die ersten fertigen Zellen, umhüllt von der Biomembran, aus ihrem Brutkasten entweichen.

Damit sind frei lebende, nicht mehr in einem Fels gefangene Organismen entstanden. Ausgestattet mit einer eigenen Membran und unabhängig von der heißen Quelle, können sie ihr mineralisches Heim hinter sich lassen. Das Leben hat einen ersten Vorstoß in die Weiten des Ozeans unternommen.

Vielleicht treiben diese ersten Urwesen – weitaus primitiver aufgebaut als die einfachsten heute lebenden Bakterien – ziellos in der Tiefsee. Einige werden mit Wasserströmungen kilometerweit nach oben gerissen, andere gelangen in den offenen Ozean. Doch draußen sind sie umgeben von einer lebensfeindlichen Welt: Denn noch immer wirbeln Asteroiden das Meer auf; zudem enthält das offene Wasser kaum freien Wasserstoff, die Energiequelle der ersten fragilen Organismen.

Und so überleben anfangs wohl nur jene Zellen, die über Risse kilometertief in die Erdkruste verdriftet werden. Hier leben sie im Dunkeln und nutzen weiterhin Wasserstoff, der aus der Tiefe emporströmt zur Energiegewinnung.

Doch diese ersten Lebewesen werden nicht für immer dort in der Finsternis verharren. Denn bereits in der Frühzeit der Erde, vor beinahe vier Milliarden Jahren, entstehen durch zufällige Mutationen von Generation zu Generation neue Varianten, die ein Überleben in der rauen Umwelt gewährleisten.

Mit der Zeit werden die fragilen Wesen stabilere Zellwände aufbauen, sie werden weitere biochemische Kreisläufe hervorbringen und schließlich den Naturgewalten des offenen Ozeans immer besser trotzen. Einige von ihnen werden Jahrmillionen später sogar lernen, eine außerirdische Energiequelle für sich zu nutzen: die Sonne (siehe Seite 58).

AUF EINEN BLICK

Sichere Tiefe

Vor vier Milliarden Jahren bietet für die Entstehung von Leben womöglich nur ein Ort genügend Schutz vor UV-Strahlung und Asteroiden: der Meeresgrund.

Labore im Fels

In winzigen Kammern in den Wänden von Tiefseeschloten kommt es zu komplexen chemischen Reaktionen.

Biomoleküle entstehen

Nach und nach reifen organische Stoffe wie etwa Eiweiße und Erbmoleküle heran. Die Kammern werden zu Vorläufern von Zellen.

Die ersten Lebewesen

Schließlich bilden sich fertige, mit einer Membran und Wand umhüllte Zellen aus, die aus den Schloten entweichen. Es sind die Vorfahren aller Lebewesen, die sich auf der Erde entwickeln.

Doch schon in den Schloten hat sich das Leben in zwei Gruppen aufgeteilt:

- Zum einen entwickeln sich aus den Urwesen Archaeen – Einzeller, die sich mittels der Erbsubstanz DNS vermehren und die bis heute zum Beispiel an unterseeischen Quellen siedeln.
- Die zweite Linie des Lebens begründet den Stammbaum der heutigen Bakterien: Sie unterscheiden sich von den Archaeen etwa in ihrem Stoffwechsel.

Diese zwei Gruppen sind die ältesten auf der Erde. Knapp zwei bis 2,5 Milliarden Jahre später wird aus den Mikroben noch eine dritte entstehen: die der Eukaryoten – der Lebewesen mit weit komplexeren Zellen (siehe Seite 64). Sie werden die Vorfahren all jener Organismen sein, die vielzellige Formen hervorbringen: Pflanzen, Pilzen, Tieren – und uns Menschen.

Und doch sind es bis heute die einzelligen Bakterien und Archaeen, die weite Teile der Erde beherrschen. Denn trotz ihres eher einfachen Aufbaus haben sie eine verblüffende Vielzahl von Überlebensstrategien entwickelt und können an unterschiedlichsten Orten gedeihen.

Einige leben tief in der Erdkruste, im eiskalten Wasser der Antarktis oder in Salzseen. Andere besiedeln einen uns vertrauten Lebensraum: den menschlichen Körper. Tausende Arten leben auf unserer Haut und in unserem Darm. Ein jeder Mansch, so haben Untersuchungen ergeben, bietet rund 100 Billionen Mikroben Nahrung, Wärme und Schutz.

Doch ganz gleich, ob sie in Eingeweiden leben oder in den Tiefen der Weltmeere: Viele dieser Organismen tragen noch immer ein Erbe der Urzeit in sich: So findet sich in einigen ihrer Eiweiße eine eigentümliche atomare Struktur. Es ist ein Würfel aus Eisen- und Schwefelatomen, die fast genauso angeordnet sind, wie einst in den mineralischen Membranen der Urbläschen.

Mehr noch: Aus Mikroorganismen sind letztlich auch die höheren Zellen entstanden – also jene kleinen Einheiten, aus denen alle Pflanzen, Pilze, Tiere und auch wir Menschen bestehen.

Und so tragen auch diese Wesen ein fast vier Milliarden Jahre altes Andenken an die Anfangszeit des Lebens in sich •

MARTIN PAETSCH, Jg. 1971, ist Autor in Hongkong.

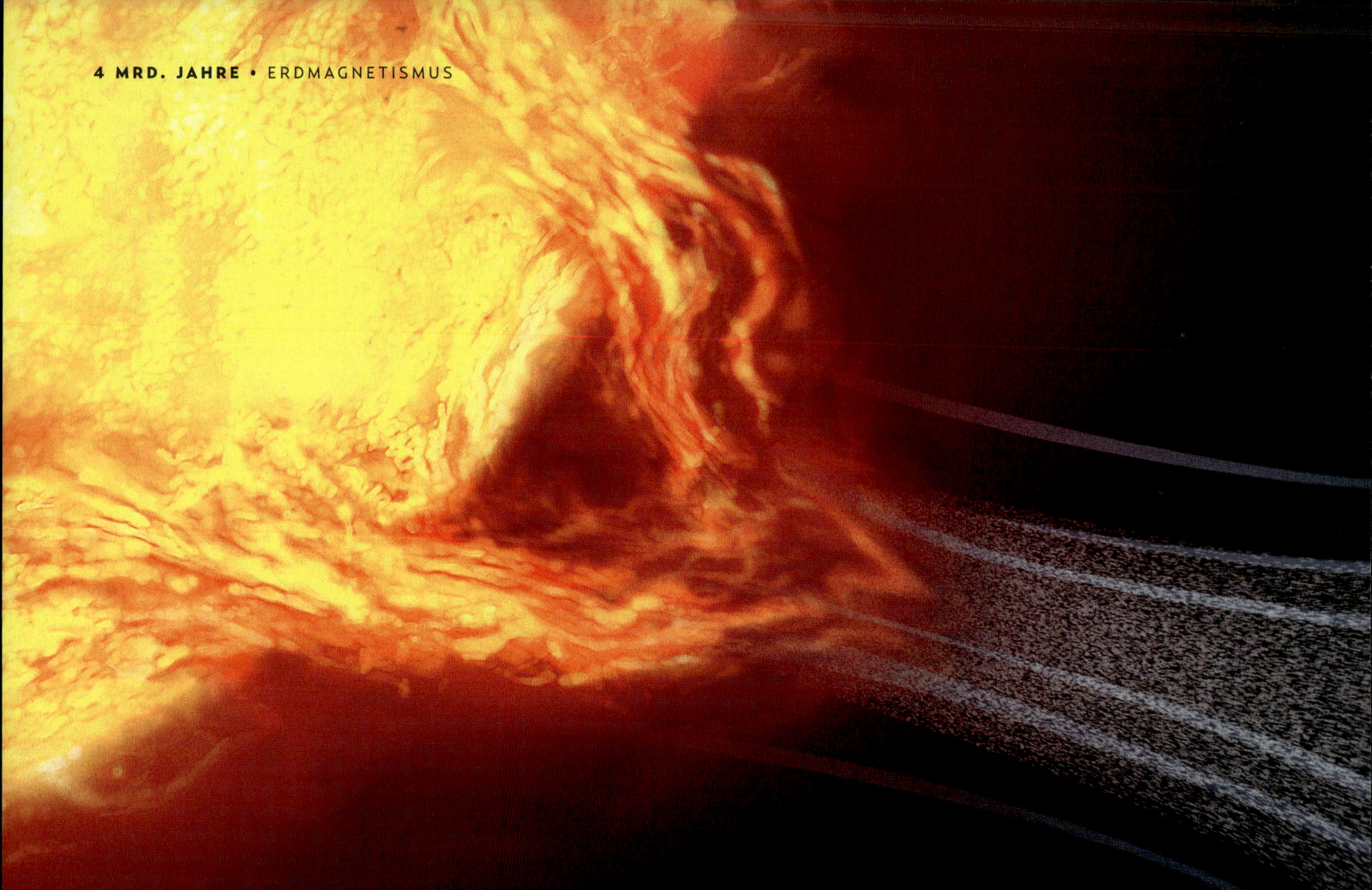

DER RETTENDE SCHILD

Wohl schon seit mehr als vier Milliarden Jahren erzeugt das Erdmagnetfeld einen gigantischen, unsichtbaren Schild, der den Planeten vor Partikelschauern aus dem All abschirmt. Ohne diesen Schutz wäre die lebenswichtige Atmosphäre längst verschwunden, höheres Leben hätte sich vermutlich nie entwickelt

KRAFT AUS DEM KERN

Tief im Erdinneren zirkulieren Ströme aus flüssigem Eisen, die dazu führen, dass sich um den Planeten herum ein Magnetfeld aufbaut. Es schützt die Erde vor kosmischen Teilchen, die von der Sonne auf sie zurasen

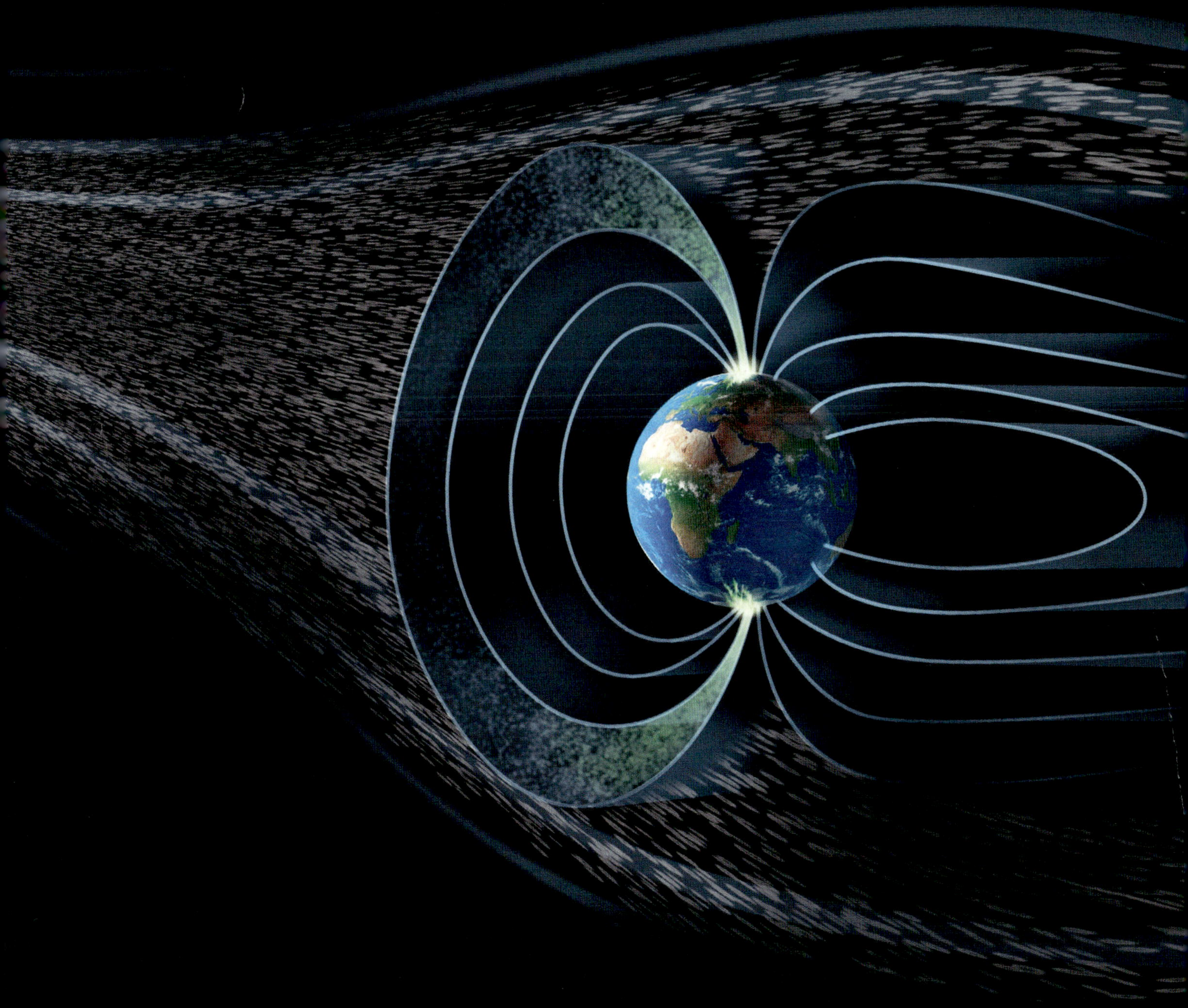

TEXT: UTE EBERLE

W

Was genau diesen für die Organismen auf unserem Planeten so überlebenswichtigen Prozess vor mehr als vier Milliarden Jahren im Erdinneren in Gang gesetzt hat, ist nach wie vor Gegenstand wissenschaftlicher Diskussionen. Doch klar ist: Ohne ihn wäre unsere Heimat im All wohl bis heute eine öde Wüste, ähnlich leblos wie der Mars. Ohne ihn würde die Erde nicht die uns vertraute Atmosphäre haben, gäbe es auf ihr keine höheren Lebewesen.

Denn seit jeher rasen zerstörerische Partikel von der Sonne auf die Erde zu – Teilchen, die so energiereich sind, dass sie die Gasmoleküle der Atmosphäre davontragen und das Zellgewebe aller Lebewesen schädigen würden. Gegen diesen bedrohlichen Strom, den „Sonnenwind", schützt die Erde ein unsichtbarer Schild: ein riesiges Magnetfeld, dessen Wirkung Zehntausende Kilometer weit ins All reicht – und das die meisten der Partikel abfängt und um die Erde herumleitet.

Es ist eine schwer zu begreifende Energie, die da aus dem Erdinneren hervorkommt und den Planeten umhüllt.

Wir spüren sie nicht, kein menschlicher Sinn kann sie erfassen. Und so ist es kaum verwunderlich, dass lange Zeit niemand etwas von ihrer Existenz ahnte. Erst um 1600 kamen Gelehrte zu dem Schluss, dass sich die Erde ähnlich wie ein riesiger Magnet verhält, dessen zwei Pole in der Nähe der geografischen Pole liegen. Sie konnten aufzeigen, dass Kompassnadeln nach Norden weisen, weil sie sich entlang eines zwischen den Polen ausgedehnten Magnetfeldes ausrichten.

Doch woher dieses Feld seine Energie bezieht, wie es erzeugt wird und weshalb es zuweilen dramatisch schwankt, blieb lange Zeit rätselhaft.

Heute weiß man: Der irdische Magnetismus hat seine wesentliche Ursache in gewaltigen Strömen flüssigen Metalls in bestimmten Zonen des Erdinneren. Und: Es gab ihn schon vor mehr als vier Milliarden Jahren, wie Gesteine bezeugen.

Damals war die Erde gerade einmal einige Hundert Millionen Jahre alt. Glühende Lava bedeckte weite Teile ihrer Oberfläche, Vulkane spien allerorten immer neues flüssiges Gestein sowie Schwefelwolken aus. Doch im Inneren des jungen Planeten hatten sich bereits schwere Elemente wie Eisen und Nickel angesammelt, aus denen sich später ein fester Kern bildete (siehe Seite 51).

Dieser innere Kern ist bis heute von einer Schicht aus flüssiger Metallschmelze umgeben, dem äußeren Kern.

Gewissermaßen befindet sich in unserem annähernd kugelförmigen, überwiegend von Meeren bedeckten Planeten in rund 5000 Kilometer Tiefe ebenfalls eine von Ozeanen umhüllte Kugel – nur dass diese Ozeane aus flüssigem Eisen bestehen, vermischt mit Stoffen wie Nickel, Schwefel und Sauerstoff.

Wie die Meere auf der Oberfläche der Erde befinden sich auch die flüssigen Metalle in der Tiefe permanent in Bewegung. Denn der innere Erdkern ist aufgrund des hohen Drucks zwar fest, aber rund 5000 Grad Celsius heiß. Das flüssige Eisen, das sich rings um den inneren Kern befindet, wird daher stetig umge-

Aufbau

Die Form des Feldes

Seit man das Magnetfeld der Erde mit Satelliten aus dem All vermessen kann, sind sein Aufbau und seine Ausdehnung genauer bekannt

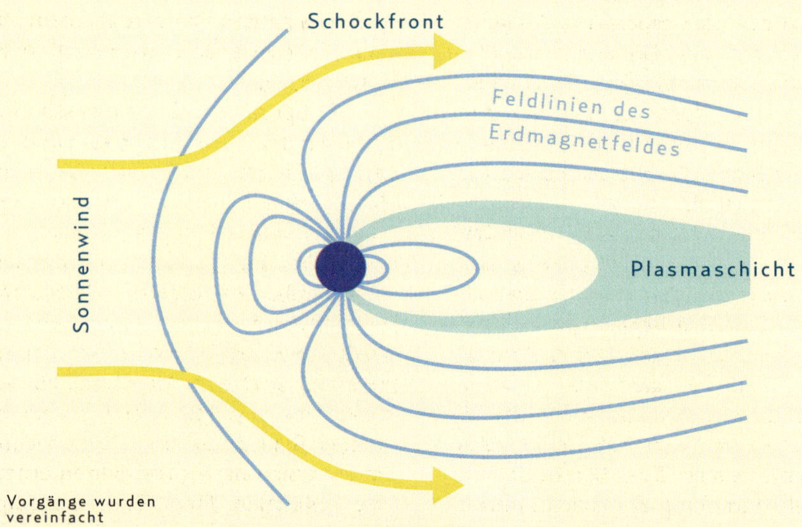

Etwa 65 000 Kilometer vor der irdischen Tagseite, an der sogenannten Schockfront, treffen die Partikelströme der Sonne (gelbe Pfeile) auf das Erdmagnetfeld (blaue Linien). Die Teilchen werden abgelenkt und gewissermaßen um den Planeten herumgeleitet. Der »Sonnenwind« staucht den irdischen Schutzschild erheblich zusammen. Auf der sonnenabgewandten Seite läuft das Magnetfeld in einem Hunderttausende Kilometer langen Schweif aus. Manche Sonnenteilchen können gleichsam auf Umwegen weit entfernt von der Erde in einen Teil des Magnetfelds eindringen, den Forscher »Plasmaschicht« nennen, und bis zu den Polen vordringen, wo sie »Polarlichter« hervorrufen.

wälzt. Dabei steigt die Schmelze von der festen Kernoberfläche Richtung Erdmantel auf, windet sich – unter dem Einfluss der Erdrotation – schraubenförmig und sinkt abgekühlt wieder in die Tiefe Richtung innerer Kern.

Diese „Konvektionsströme" funktionieren wie eine Art Dynamo – eine Maschine, die mechanische Energie in elektrische verwandelt. Mit anderen Worten: Das flüssige Metall, das vom inneren Erdkern aufsteigt und wieder absinkt, bewirkt, dass (gemäß einem physikalischen Gesetz) elektrischer Strom fließt und sich ein Magnetfeld bildet. Forscher nennen dies den „Geodynamo" der Erde.

Die gigantische Größe dieses Geodynamos sorgt dafür, dass sein Magnetfeld auch noch weit entfernt von der Erde Wirkung zeigt – und unter anderem den Partikelstrom der Sonne sowie andere kosmische Teilchen effektiv abhält.

Nur an den Polen (wo das Kraftfeld des Geodynamos senkrecht zur Oberfläche des Planeten steht) dringen mitunter Partikel, die sich dafür entlang der Feldlinien bewegen müssen, gewissermaßen auf Umwegen tief in die Atmosphäre ein und kollidieren dort mit den Gasteilchen der Luft. Dabei leuchten deren Sauerstoffatome meist grünlich auf, Stickstoffmoleküle blau oder rot. Als bunte Schlieren durchziehen diese „Polarlichter" den Himmel.

k

Könnte das Magnetfeld den Sonnenwind nicht ablenken, sähe die Erde womöglich so aus wie heute der Mars: trocken, kalt und leblos.

Unser Nachbar im Sonnensystem war vermutlich nicht immer so öde. Spuren auf seiner Oberfläche zeugen davon, dass es auf dem Mars einst Meere gab sowie eine dickere, feuchtere Atmosphäre – geschützt von einem planetaren Magnetfeld, das zumindest eine Zeit lang existierte, wie Überreste von magnetisiertem Gestein belegen. Doch irgendwann muss der Schild verschwunden sein.

So kam es wohl, dass die solaren Partikel nach und nach den Großteil der Mars-Atmosphäre davontrugen und das meiste Wasser entwich.

Das einzige Leben, das Astrobiologen heute noch auf dem Planeten zu finden hoffen, sind Mikroorganismen. Denn nur sie sind vermutlich in der Lage, den niedrigen Druck der äußerst schwachen Atmosphäre auszuhalten.

Auf der Erde konnten sich Pflanzen und Tiere mit ihrem komplexen Zellgewebe dagegen herausbilden, weil der Geodynamo beständig funktionierte.

Allerdings ist auch das irdische Magnetfeld eine unstete Kraft. Da die Erdrotation die turbulenten Ströme flüssigen Metalls nur grob in eine Richtung drängt, verändert es sich jederzeit. Obendrein wirkt der Sonnenwind von außen manchmal stärker, dann wieder schwächer auf das Kraftfeld ein. Der magnetische Nordpol der Erde etwa verändert ständig seinen Standort, an manchen Tagen kann er mehrere Dutzend Kilometer in die eine oder andere Richtung abdriften, bevor er wieder zum Ausgangspunkt zurückkehrt.

Auch hat das Magnetfeld manche rätselhafte Schwachstellen. Über einer Region vor der Küste Chiles bis in den Süden Afrikas ist es kraftloser als anderswo. Den genauen Grund kennen die Forscher bislang nicht.

Doch die „Südatlantische Anomalie" hat handfeste Auswirkungen. So kommt es durch die energiereichen Sonnenteilchen, die in dieser Gegend gehäuft auftreten, in der empfindlichen Elektronik niedrig fliegender Satelliten oft zu Störungen. Und die Besatzung der Internationalen Raumstation ISS kriegt jedes Mal, wenn sie diese Zone überfliegt, weitaus mehr Strahlung ab als beim gesamten Rest einer Erdumrundung.

POLARE LICHTER

An Nord- und Südpol können solare Partikel entlang der Linien des Erdmagnetfelds in die Atmosphäre eindringen und dadurch farbige Leuchterscheinungen erzeugen

Manche Veränderungen des Magnetfelds beschleunigen sich zudem seit einiger Zeit. So veränderte sich der magnetische Pol der Nordhalbkugel jüngst so schnell, dass er sich im Mittel um fast einen Kilometer pro Woche von Kanada durch das Nordpolarmeer in Richtung Sibirien verschob.

Berechnungen auf Basis von Messwerten überall auf der Erde zeigen, dass sich der arktische Magnetpol seit Beginn des 20. Jahrhunderts um mehr als 15 Breitengrade nach Norden verlagert hat. Zum Vergleich: Würde die nordafrikanische Stadt Tunis ihren Standort in einem gleichen Maße verändern, würde sie neben Hannover liegen.

Aus Spuren im Gestein wissen Forscher zudem, dass das Magnetfeld in früheren Zeiten immer mal wieder – und offenbar ohne äußere Einwirkung – seine Pole sogar vollständig getauscht hat.

Im Durchschnitt kam es in den letzten Jahrmillionen ungefähr alle 250 000 Jahre zu einer solchen Feldumkehr, wobei die einzelnen Intervalle höchst unterschiedlich ausfielen. Manchmal blieben die Pole bis zu 50 Millionen Jahre auf der gleichen Seite, in anderen Fällen wechselten sie schon nach 5000 Jahren erneut ihre Positionen. Einer Theorie zufolge kann es zu einer derartigen Feldumkehr

Feldumkehr

Chaotische Umpolung

Das Erdmagnetfeld ist alles andere als stabil: Schon mehrfach hat es seine Ausrichtung geändert

1

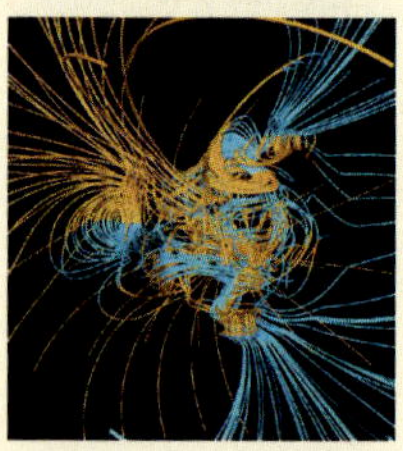

2

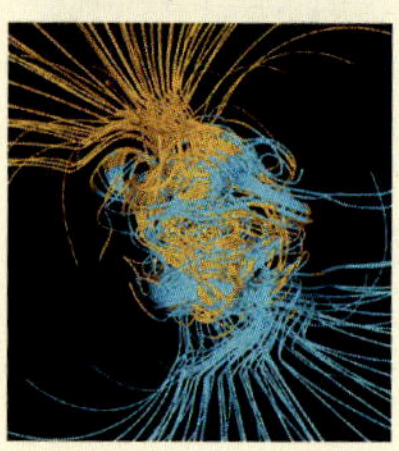

3

Das Magnetfeld der Erde ist größtenteils auf zwei Pole ausgerichtet (1): auf den der Nordhalbkugel (blaue Feldlinien) und auf dessen südliches Pendant (gelbe Linien). Diese Simulation zeigt, wie sich die beiden Pole im Schnitt alle paar Hunderttausend Jahre umkehren. Dabei bricht die Stärke des gesamten Magnetfelds im Verlauf von Jahrtausenden massiv ein, es herrscht ein ziemliches magnetisches Chaos (2): So könnte es zwischenzeitlich mehr als zwei Pole geben. Schließlich bauen sich aber wohl wieder zwei recht konstante Magnetpole mit dann veränderter Ausrichtung auf (3).

immer dann kommen, wenn die Metallschmelze in der Äquatorregion außergewöhnlich stark und chaotisch aufsteigt.

Die bislang letzte Umpolung fand vor rund 780 000 Jahren statt.

Daneben hat es in der Vergangenheit auch „geomagnetische Exkursionen“ gegeben, bei denen sich das Feld über längere Zeit massiv veränderte und dann wieder zu seiner vorherigen Ausrichtung zurückkehrte. Doch obwohl in den vergangenen knapp 180 Jahren ein wichtiger Teil des Erdmagnetfelds besonders schnell an Stärke verloren hat, wird es so bald zu keiner erneuten Feldumkehr kommen – darauf weisen neue wissenschaftliche Erkenntnisse hin.

Doch käme es zu einer solchen Umpolung, würde zunächst ein regelrechtes magnetisches Chaos herrschen (siehe Kasten links). Die Stärke des Felds würde einbrechen – auf zehn bis 25 Prozent seines jetzigen Werts, vermuten Forscher.

Auch würden sich wahrscheinlich neue Pole aufbauen, sodass die Erde zwischenzeitlich vier oder noch mehr magnetische Pole hätte.

Eine gewisse Zeit lang würde die Atmosphäre als eine Art Behelfsschild wirken und zumindest Teile des Sonnenwinds abwehren. Dennoch strömten wohl genug hochenergetische Teilchen zur Erde, um Satelliten, den Flugverkehr, aber auch Überlandleitungen zu gefährden. Telefonieren mit dem Mobiltelefon könnte schwierig werden, die Stromversorgung würde womöglich großflächig kollabieren.

Zudem wären vermutlich zahlreiche Tiere, darunter Zugvögel und Meeresschildkröten, aber auch Bienen und Schmetterlinge, die mithilfe des Magnetfelds navigieren, unter Umständen in Gefahr, in ihnen bislang unbekannte Gebiete abzudriften.

Und nicht zuletzt würden energiereiche Sonnenpartikel und kosmische Strahlung verstärkt in die Körper aller Lebewesen dringen und dort Zell- und Erbgutschäden verursachen. Mehr Tiere und Menschen würden vermutlich an Krebs erkranken. Es käme wahrscheinlich auch zu mehr Mutationen.

AUF EINEN BLICK

Irdischer Dynamo

Stömendes flüssiges Metall im Erdinneren erzeugt ein Magnetfeld, das den Planeten umhüllt.

Schützender Schild

Noch weit entfernt von der Erde zeigt das Feld Wirkung und schirmt schädliche Strahlung ab.

Schwankendes Feld

Ständig variiert das Erdmagnetfeld in Stärke und Ausrichtung. So zeigt es mancherorts ausgeprägte Schwachstellen – etwa im Südatlantik.

Doch das Leben an sich würde eine Umpolung und den damit verbundenen vorübergehenden Einbruch des Magnetfelds wohl überstehen. Zumindest ist ihm dies in der Vergangenheit ja bereits mehrfach geglückt.

Nach einigen Tausend Jahren, so schätzen die Wissenschaftler, würde sich das Kraftfeld wieder stabilisieren, seine gewohnte Struktur und Stärke zurückgewinnen – mit umgekehrten Polen.

Zumindest auf Zeit.

Denn in weiter Zukunft, in einigen Milliarden Jahren, wird das Magnetfeld wohl immer mehr abnehmen. Da die Erde stetig auskühlt, wird das flüssige Metall in ihrem Inneren zunehmend erhärten. Irgendwann wird dort keine Schmelze mehr auf- und abfließen.

Der Geodynamo, der den Planeten wohl überhaupt erst zu einer lebensfreundlichen Oase im Sonnensystem gemacht hat, wird zum Stillstand kommen.

Dann wird das Magnetfeld des Planeten endgültig zusammenbrechen. Und ein langes Kapitel der Erdgeschichte beendet sein •

UTE EBERLE, Jg. 1971, ist Wissenschaftsjournalistin und lebt in Baltimore, USA. Fachliche Beratung: **DR. MONIKA KORTE**, Deutsches GeoForschungsZentrum (GFZ) Potsdam.

UR, *vor 3,1 Mrd. Jahren*

Der von Forschern vermutete erste Kontinent bildet sich wohl auf Höhe des Äquators und ist etwas kleiner als heute Australien

TEXT: UTE EBERLE

ILLUSTRATIONEN: TIM WEHRMANN
exklusiv für GEOkompakt

Das sich wandelnde Gesicht

Auf der noch jungen Erde erheben sich mehr und mehr *steinerne Inseln* aus den Fluten – und formen vor etwa drei Milliarden Jahren einen ersten *Urkontinent*. Doch dann kommt es zu einem folgenreichen Prozess: Die Erdkruste *zerbricht in mehrere Schollen*, die in Bewegung geraten, sich verhaken, aneinanderrempeln. Dieser Vorgang schiebt immer neue Landmassen umher, lässt Vulkane ausbrechen, Gebirge entstehen. Und modelliert seither *das Antlitz des Planeten*

der Erde

COLUMBIA, *vor 1,6 Mrd. Jahren*

Fast alle Gesteinsmassen, die nach Ur entstehen, vereinigen sich zu dem zusammenhängenden Kontinent Columbia

D

Das große Erdbeben vom 18. April 1906 in und um San Francisco kostete mehr als 3000 Menschen das Leben und verursachte – nach heutigem Wert – Schäden in Höhe von zehn Milliarden Dollar. Die Erdstöße ließen Häuser zusammenbrechen, Brücken einstürzen, Straßen auseinanderreißen.

Doch das Beben war auch in anderer Hinsicht verstörend: Denn die Stöße veränderten die Landschaft. So standen manche Bäume plötzlich nicht mehr dort, wo sie vorher gewurzelt hatten; sie waren um mehrere Meter verschoben worden. Im Marin County nördlich von San Francisco war ein Lattenzaun auf halber Strecke unterbrochen – der Rest stand knapp 2,6 Meter seitlich versetzt.

Denn ein großer Streifen Kaliforniens war ein wenig nach Nordwesten gerutscht und hatte dabei alles, was sich auf ihm befand, mitgerissen. Der Rest des Gebietes war gewissermaßen zurückgeblieben.

Selbst Experten hatten zuvor nicht wirklich verstanden, dass sich Kalifornien über zwei gewaltige Erdschollen erstreckt, die sich unabhängig voneinander bewegen. Erst im Verlauf der folgenden Jahre und Jahrzehnte lernten die Wissenschaftler, dass auch der Rest der Welt auf mobilen Krustenteilen sitzt – und wie ungemein eigenartig dies ist.

Auf keinem anderen Planeten im Sonnensystem ist die Oberfläche derart unruhig, bauen sich die Landmassen immer wieder um. Dieses Phänomen, die Plattentektonik, hat fast alles auf der Erde geprägt: von den Landschaften über das Klima bis zur Natur.

Der Start dieser wundersamen Entwicklung fällt bereits früh in die Geschichte des Planeten: in die Zeit vor vier Milliarden Jahren.

Damals ist die Erde ein feuriger Magmaball (siehe Seite 18), eine glutheiße Kugel, die jedoch allmählich abkühlt. Im Verlauf vieler Jahrmillionen bilden sich durch die Abkühlung auf der Oberfläche unseres jungen Heimatplaneten Flöße aus hartem Basaltgestein, die auf dem wabernden Ozean aus Magma dahintreiben. Schließlich überzieht eine weltumspannende, zunächst noch dünne Kruste aus Basalt den glutflüssigen Untergrund.

Zum Teil wölbt sich diese steinerne Haut zu Kegeln brodelnder Vulkane auf. Die Feuerberge spucken gewaltige Lavamassen aus, speien Wasserdampf und andere Gase – darunter Kohlendioxid, Stickstoff und Schwefelverbindungen. Allmählich umweht eine Uratmosphäre den Planeten.

In jener Epoche prasseln permanent Meteoriten auf die Erde ein – kosmische Geschosse, die häufig riesige Löcher in die anfangs dünne Kruste schlagen. Dann spritzt das darunterliegende, noch glutflüssige Magma feuerrot in die Höhe.

An der Unterseite der noch zarten festen Schale – dort, wo das Magma von unten auf die Basaltkruste trifft – schmilzt das Gestein immer wieder, sodass es sich

RODINIA, *vor 900 Mio. Jahren*

Dieser Superkontinent bildet sich vor etwa 1,1 Mrd. Jahren. Gut 180 Mio. Jahre später zerfällt er in mehrere Teile

teils verflüssigt. Bei diesem Vorgang sondern sich Minerale ab, es entsteht ein neues, leichteres Gestein: Granit.

Wie eine Art Schaum steigt dieser Granit durch Lücken in der Kruste auf und lagert sich über dem schwereren Magma und der ebenfalls schwereren Basaltkruste ab.

Als sich die Erde weiter abkühlt, verflüssigt sich der durch Kometen und Vulkanausbrüche in die Atmosphäre eingebrachte Wasserdampf. Dichte Wolken umhüllen nun die Erde – und schließlich rauscht Regen herab.

Es ist ein kaum endender Niederschlag. Millionen Jahre lang wird sich der Regen auf den Globus ergießen. Anfangs ist die Erde noch so heiß, dass die Niederschläge gleich wieder verdampfen. Doch mit der Zeit kühlt der Planet so weit ab, dass das Wasser sich am Boden sammelt. Und die Wassermassen, die die Basaltkruste überfluten, schwellen zu einem gewaltigen Ozean an. Insgesamt werden Abermilliarden Liter Nass vom Himmel regnen.

Doch die leichtere Granitschicht, die nach wie vor aus dem Erdinneren nach oben drängt, türmt sich teils so hoch auf, dass sie aus den Fluten ragt. So bilden sich erste, vereinzelte Inseln.

Und diese Inseln nehmen beständig an Fläche zu – bis vermutlich vor rund drei Milliarden Jahren der Granit erstmals eine Landfläche von der Größe eines Kontinents auf der Erde formt. Forscher nennen die Landmasse Ur.

Immer mehr Granit schäumt nun auf, immer mehr Landmasse erhebt sich aus den Meeren. Bis heute haben Forscher rund drei Dutzend Fragmente dieser uralten Granitkruste in den Gesteinsmassen der modernen Kontinente nachweisen können. Manche messen ein paar Hundert, andere weit über 1000 Quadratkilometer. Einige der steinernen Relikte sind 3,8 Milliarden Jahre alt.

PANGAEA, ***vor 250 Mio. Jahren***

Der Superkontinent erstreckt sich von Pol zu Pol und begünstigt durch seine vielfältigen Landschaften das Aufkommen neuer Arten

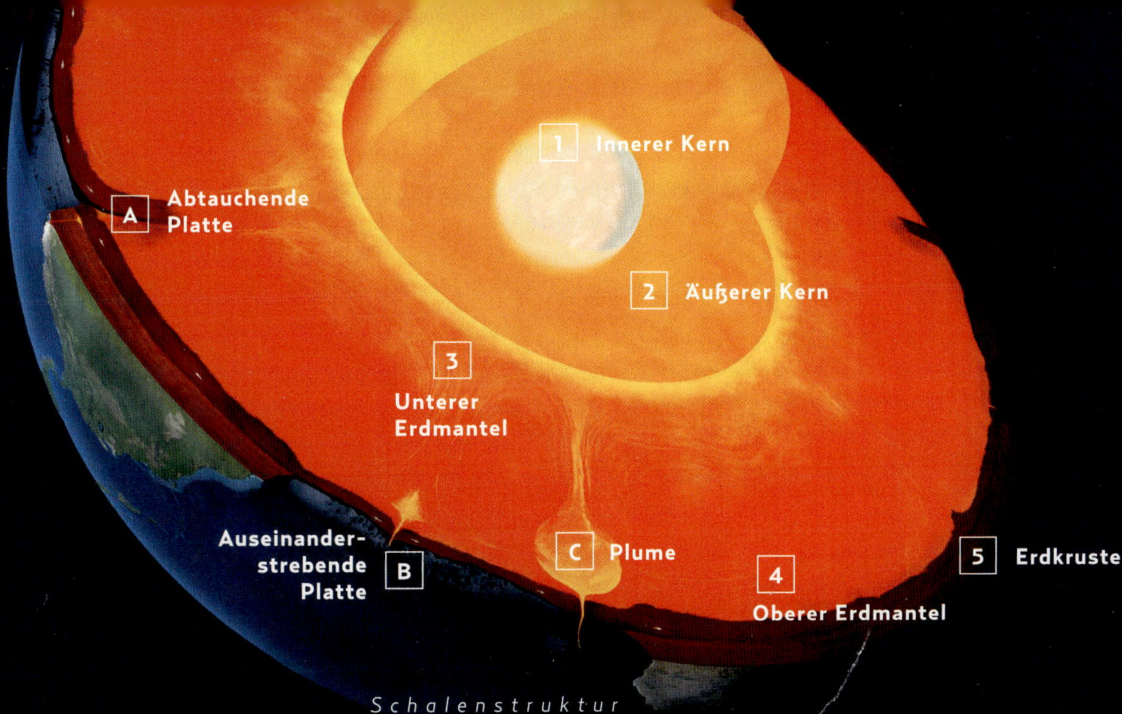

Schalenstruktur

Anatomie einer Glutkugel

Ihr besonderer Aufbau macht die Erde zu einem bislang einzigartigen Himmelskörper

Die Erde ist grob aus fünf Schalen aufgebaut: Der Innere Kern (1) besteht aus mindestens 5000 Grad heißem Metall (überwiegend Eisen), ist aufgrund des hohen Drucks aber fest. Der Äußere Kern (2) setzt sich ebenfalls hauptsächlich aus Eisen zusammen und ist bei rund 4000 Grad flüssig. Hitzeströmungen hier erzeugen das Erdmagnetfeld (siehe Seite 40). Der Untere Erdmantel (3) ist die größte der Erdschalen. Er besteht aus verschiedensten Metallen, Silizium- und Sauerstoffverbindungen. Bei einer durchschnittlichen Temperatur von etwa 2000 Grad ist das Material zähflüssig und steigt in riesigen, walzenartigen Bewegungen auf und ab. Der Obere Erdmantel (4) ist bis zu 1500 Grad heiß und enthält ebenfalls zähflüssige Minerale. Gemeinsam mit der Erdkruste (5), die die Kontinente und Böden der Ozeane bildet, formt er die äußere Gesteinshülle des Planeten. Diese ist in mehrere Platten zersplittert. An manchen Orten tauchen sie in den Erdmantel ab (A), oder sie streben auseinander (B). In diesen Gebieten kommt es besonders häufig zu Erdbeben oder Vulkanausbrüchen. Zudem brechen Vulkane auch in jenen Regionen durch die Kruste, an denen aus der Tiefe des Erdmantels heiße Strömungen aufstreben, sogenannte Plumes (C).

Diese uralten Überbleibsel formen den Kern von Grönland, Brasilien und Argentinien, lassen sich in Australien und Sibirien, in Skandinavien, Indien und Afrika finden. An manchen Orten, etwa im Norden Kanadas, liegen die Überreste offen in der Landschaft.

Die unter den Meeren liegende Kruste aus Basalt umschließt den Erdball – als eine bruchfreie Schale; etwa so wie die feste äußere Lage eines Golfballs.

A

Aber dann birst die Kruste. Manche Forscher spekulieren, dass es ein besonders heftiger Meteoriteneinschlag ist, der die Hülle durchschlägt und destabilisiert. Andere gehen davon aus, dass die zerstörerische Kraft von unten kommt und riesenhafte Blasen aus heißem Magma die äußerste Erdschicht aufreißen.

Was auch immer der Auslöser ist – vor vermutlich etwa drei Milliarden Jahren setzt ein eigentümlicher Prozess ein: Die Erdkruste zersplittert in mehrere Schollen. Und: Die Schollen beginnen sich zu bewegen. Sie rempeln einander an, brechen weiter auf, schieben sich über- und untereinander. *Wie* genau dieser Vorgang seinen Anfang nimmt, kann bisher kein Forscher mit Gewissheit sagen.

Doch *dass* die Basaltkruste birst und sich die Schollen auf komplexe Weise bewegen, ist unumstritten.

Mit modernen seismischen Instrumenten, die tief ins Erdinnere zu spähen vermögen, lassen sich solche Krustenstücke entdecken: Diese sogenannten Slabs

1

Kontinentaldrift

Zum Beispiel Afrika

Wie die heute bekannten Landmassen entstehen

Bewegungen im Erdinneren schieben immer wieder fast das gesamte Festland des Planenten zusammen. So driften vor 350 Mio. Jahren (1) Landmassen aufeinander zu, der Südpol vereist (weiß umrandet: das spätere Afrika). 50 Mio. Jahre später nimmt ein Superkontinent Gestalt an, aber noch bedecken gewaltige Eispanzer die Südhemisphäre (2). Das Land vereint sich zu »Pangaea«, das Eis schmilzt, der Superkontinent trocknet aus (3). Weiter 50 Mio. Jahre danach treten erste Risse in der Region des späteren Afrika auf (4). Pangaea zerfällt, der Atlantik trennt Nordamerika von Afrika (5). Dann löst sich Südamerika von Afrika (6). Schließlich, im Laufe der letzten 65 Mio. Jahre, erhält die Erde ihre heutige Gestalt (7).

haben sich unter andere Erdschollen geschoben und sind über Hunderte Jahrmillionen immer weiter Richtung Erdzentrum abgetaucht. Dabei geraten sie in die Nähe des Kerns in 2900 Kilometer Tiefe.

Was aber treibt die Slabs seit Milliarden Jahren in den Untergrund – und was bewegt die Schollen auf der Oberfläche?

E

Eine wichtige Rolle spielt wohl, dass die im Schnitt 100 Kilometer dicken Platten der Kruste auf einer verformbaren und hochdynamischen Schicht im Oberen Erdmantel lasten: der Asthenosphäre. Diese Schicht wirkt wie ein Schmiermittel, auf dem die Schollen – wie gewaltige Flöße – hinweggleiten können.

Zwar besteht die Asthenosphäre, wie die darüberliegende Kruste auch, aus Gestein und Mineralen. Doch das Gestein ist nicht völlig hart. Unter dem Druck und der Hitze im Erdinneren weicht es vielmehr auf. So kann es sich über den Verlauf von Jahrmillionen verformen und sogar fließen. Allerdings geschieht dies in unvorstellbarer Zeitlupe.

Wissenschaftler bezeichnen die Zähflüssigkeit eines Stoffes als seine Viskosität und messen sie in einer Einheit namens Poise. Zimmerwarmes Wasser hat eine Viskosität von 0,01 Poise, Motoröl erreicht zehn bis 20 Poise – und Mantelgestein rund 10^{22} Poise. Das heißt: Das Gestein ist 10 000 000 000 000 000 000 000-mal zähflüssiger als Wasser.

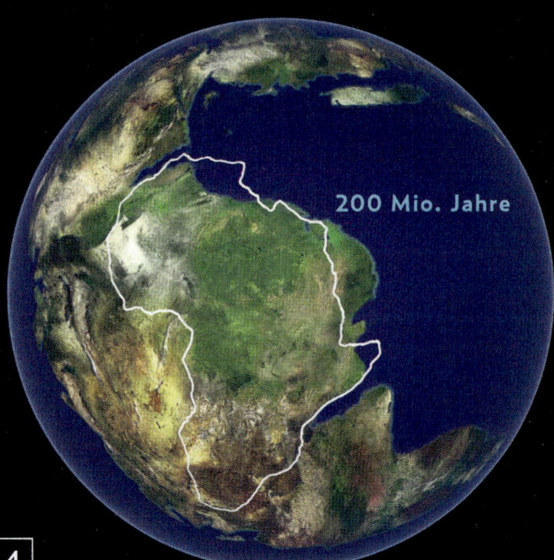

4

5

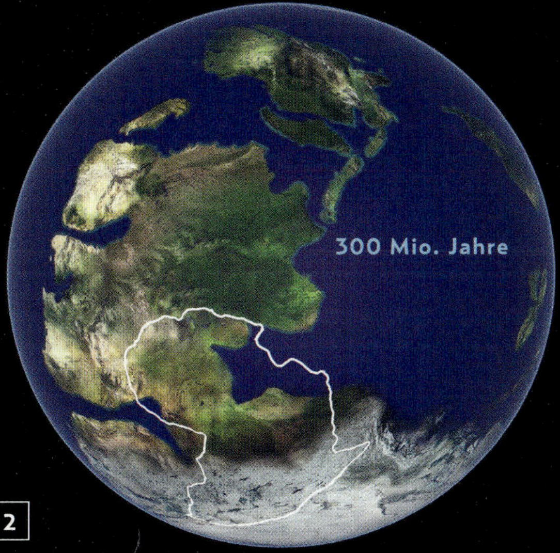

2

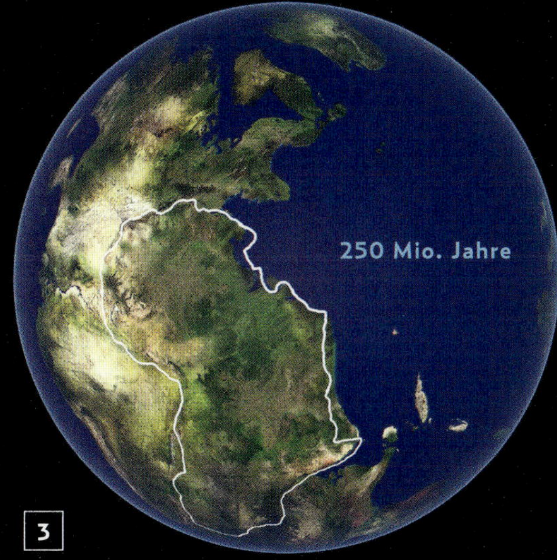

3

Weil im Zentrum der Erde ein glühender Kern sitzt, verhält sich das Mantelgestein dabei so wie eine Lavalampe: Die unteren Schichten wärmen sich am Kern auf, dehnen sich aus und werden leichter. Daher steigen sie nach oben.

Die oberflächennahen Mantelregionen sind im Vergleich kühler, dichter und schwerer. So sinken sie nach unten – bis sie sich schließlich am Kern genug aufgeheizt haben und wieder aufsteigen.

Ein Kreislauf aus Erhitzung, Aufsteigen, Abkühlung, Absinken und erneuter Erhitzung entsteht, wobei jeder Umlauf mindestens 100 Millionen Jahre dauert.

Währenddessen bewegen sich die auf dem Mantel aufliegenden Platten auf der Asthenosphäre und rutschen dabei gewissermaßen in verschiedenen Richtungen über die Erdoberfläche.

Die Landmassen von Europa und Nordamerika treiben derzeit etwa knapp drei Zentimeter pro Jahr auseinander.

Ägypten dagegen bewegt sich rund 15 Millimeter pro Jahr auf Europa zu; das Mittelmeer wird daher immer schmaler.

Wie genau sich damals, vor Milliarden Jahren, die Platten verhalten haben, wie viele dieser gewaltigen Schollen es gab und wohin sie drifteten, das lässt sich heute nicht mehr exakt rekonstruieren.

Sicher ist nur, dass der Kontinent Ur (siehe Illustration Seite 46) irgendwann auseinanderbrach. Dass neue Landmassen entstanden, die zum Teil miteinander kollidierten, dann wieder in Jahrmillionen auseinanderstrebten. Schon früh bildeten sich Teile jener Platten heraus, die auch heute noch die Kontinente tragen und das Bild des Planeten prägen.

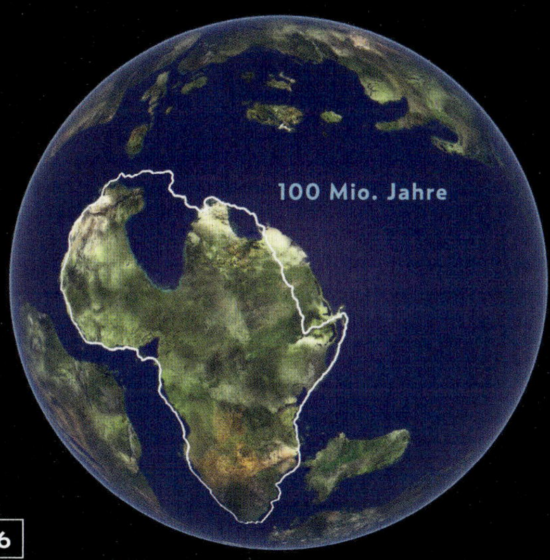

6

7

Von Marmor, Kalk und Granit

Die Erdoberfläche ist aus einer Vielzahl unterschiedlicher Gesteine zusammengesetzt. Manche sind organischen Ursprungs, andere entstammen dem glutheißen Inneren von Vulkanen, wieder andere haben sich unter Druck und Hitze in großer Tiefe von einem Material in ein anderes umgewandelt

Sedimentgesteine: Sie entstehen aus Verwitterungsprodukten, die sich etwa am Meeresgrund ablagern

Kalkstein
bildet sich etwa, wenn Schalen oder Gehäuse toter Tiere auf den Meeresboden sinken

Sandstein
wird durch Ablagerung feiner Körner aufgebaut; Wind oder Wasser tragen diese wieder ab

Gebändertes Eisenerz
entstand, als Eisen mit Sauerstoff im Meer reagierte und sich als Eisenoxid am Grund absetzte

Metamorphe Gesteine: Sie bilden sich tief im Erdinnern unter hohen Temperaturen und Drücken

Gneis
kann aus der Umwandlung von Sedimentgesteinen oder magmatischen Gesteinen entstehen

Marmor
geht unter anderem aus Kalk hervor und ist deutlich härter als das Ausgangsmaterial

Tonschiefer
bildet sich, wenn Ton unter der Erdoberfläche aufheizt und neu kristalliert

Magmatische Gesteine: Sie entstehen, wenn eine Gesteinsschmelze erstarrt

Basalt
entstammt dem Erdmantel; bildet beim schnellen Abkühlen oft symmetrische Strukturen

Basaltlava
tritt bei Vulkanausbrüchen zunächst als flüssiger Gesteinsstrom aus und erstarrt dann

Granit
entsteht, wenn siliziumreiche Gesteinsschmelze kilometertief in einer Magmakammer aushärtet

Insgesamt besteht die Oberfläche der Erde heute aus sieben großen und zahlreichen kleinen Platten. Bei ihren steten Bewegungen stoßen sie immer wieder gegeneinander. So schiebt sich etwa die Indische Platte pro Jahr vier Zentimeter in die Eurasische Platte. Bei dieser langsamen Kollision wird das Gestein ihrer Krusten nach oben gedrückt, sodass diese verdicken. Auf diese Weise hat sich am Nordrand von Indien über die vergangenen Jahrmillionen der mächtige Gebirgszug des Himalaya aufgewölbt. Und die Gipfel wachsen noch weiter in die Höhe: um gut einen Zentimeter pro Jahr.

Trifft aber eine ozeanische Platte auf eine kontinentale Platte, kollidieren die beiden nicht. Vielmehr taucht in solchen Fälle immer die ozeanische Scholle unter die andere ab. Denn die Meereskruste ist schwerer als die kontinentale, sie besteht aus dichterem Basalt und ist nur fünf bis acht Kilometer dick. Die leichtere Granitkruste der Kontinente türmt sich dagegen bis zu 75 Kilometer auf.

An Stellen, an denen eine ozeanische Scholle im Untergrund abtaucht, bilden sich oft scharfe Seerinnen. So liegt das tiefste Tal der Welt im Pazifik: Dort taucht eine Meeresplatte ab und hat den elf Kilometer tiefen Marianengraben gebildet.

Ist eine Scholle des Ozeanbodens erst einmal unter einer anderen Platte ins Mantelgestein eingedrungen, wird sie durch ihr eigenes Gewicht immer weiter nach unten gezogen. Denn der Basalt am ozeanischen Grund ist nicht nur kalt und schwer, sondern auch mit Wasser gesättigt. So versinkt er, langsam schmelzend, in der heißen Asthenosphäre.

Durch das Herabsinken auf der einen Seite wird eine Scholle an ihrem anderen Ende von einer Nachbarplatte weggezogen. In der Erdkruste tut sich dadurch eine Lücke auf – ein Riss, aus dem heißes Magma aus dem Inneren des Planeten emporstrudelt. Beim Kontakt mit dem Meerwasser kühlt die heiße Masse ab und verfestigt sich. Bis sich der Riss wieder weitet, neues glutheißes Magma nachströmt.

Mit der Zeit bildet sich so ein regelrechter unterseeischer Gebirgszug. Auf diese Weise hat sich etwa in den Tiefen der Weltmeere ein rund 65 000 Kilometer langes Gebirge aus Lavagestein geformt: der Mittelozeanische Rücken, der sich um die Erde zieht wie das Netz aus Nähten um einen Baseball.

Auf keinem anderen bekannten Planeten ist die Oberfläche permanent und so stark in Bewegung

Im Durchschnitt bewegen sich die Platten etwa so langsam, wie unsere Fingernägel wachsen. Doch schrammen etwa zwei Platten seitlich aneinander vorbei oder taucht eine Platte unter eine andere ab, kommt es vor, dass sich die beiden Schollen gewissermaßen verhaken. Und über Jahrzehnte oder Jahrhunderte hinweg fast unbeweglich verharren.

In dieser Zeit baut sich eine immer größere Zugspannung zwischen den Platten auf. Diese gewaltige Kraft löst sich meist urplötzlich – dann, wenn eine der Platten mit einem mächtigen Ruck an der anderen vorbeirutscht. Und dadurch teils verheerende Erdbeben verursacht.

Im März 2011 schob sich die japanische Insel Honshu um mehrere Meter nach Osten. Die folgenden Erdstöße lösten den Tsunami aus, der das Atomkraftwerk in Fukushima beschädigte.

Beim großen Erdbeben von Chile im Jahr zuvor rutschte die Stadt Concepción mehr als drei Meter nach Westen. Der Erdstoß wurde von der Nazca-Platte ausgelöst, die sich an Chiles Westküste unter Südamerika schiebt.

Auch Vulkane brechen oft an Nahtstellen zwischen Platten aus. Denn wenn eine Scholle unter eine andere gleitet, schmilzt Gestein, das als Lava an die Oberfläche drängen kann.

Andere Vulkane entstehen, wenn Magma-Säulen („Hotspots“) aus dem Erdinneren durch die Mitte einer Scholle nach außen bersten. Weil sich die Platte über dem Hotspot in der Regel langsam weiterbewegt, bilden sich im Lauf von Jahrmillionen oft lang gezogene Ketten von Vulkaninseln – zum Beispiel das vulkanische Archipel Hawaii.

So modelliert die Plattentektonik schon seit Jahrmilliarden fortwährend die Oberfläche der Erde: Alte Kruste sinkt ab, verschwindet in der Tiefe, neue entsteht dort, wo die Schollen aufreißen. Und die bestehende Kruste ist permanent in Bewegung. Das Gestein, auf dem etwa die US-Stadt Denver heute in 1600 Meter Höhe liegt, befand sich vor 70 Millionen Jahren unterhalb des Meeresniveaus.

Auf keinem anderen bekannten Planeten kommt es zu derartigen Prozessen.

Zwar gibt es auf einigen Himmelskörpern wie dem Mars oder Merkur Spuren, die auf eine tektonische Aktivität hinweisen. Doch im Vergleich zur Erde erscheinen die Vorgänge sehr viel schwächer. Oft scheint eine ehemalige Aktivität schon wieder erloschen zu sein.

Zugleich ist die Erde der einzige bekannte Planet, auf dem komplexe Lebensformen entstanden sind. Und die Plattentektonik spielte womöglich eine wichtige Rolle dabei, dass sich die Organismen während ihrer Jahrmilliarden währenden Evolution so vielfältig entwickelt haben.

Denn die Drift der Kontinente ist ein wichtiger Grund dafür, dass das Klima über lange Zeit mehr oder minder stabil blieb. So reguliert die Bewegung der Erdschollen unter anderem ein Gas, das eine wichtige Rolle im Temperaturhaushalt des Planeten spielt: Kohlendioxid.

Dieses Gas wirkt in der Atmosphäre wie die Glasscheibe in einem Gewächshaus. Es bildet gleichsam eine Barriere, die Wärmeenergie einfallender Sonnenstrahlen zurückhält. Enthält die Atmosphäre eines Planeten viel Kohlendioxid, kann es dort lebensfeindlich heiß werden. Ist die Menge zu gering, fallen die Temperaturen – und alles friert ein.

Bevor der Mensch durch das Verbrennen von Öl und Gas Kohlendioxid produzierte, wurde es vor allem von den Vulkanen in die Atmosphäre geblasen. Doch das Gas verweilt dort nicht dauerhaft. Denn der Regen wäscht das Kohlendioxid aus der Luft. Fallen die Tropfen dabei auf Gestein, lösen sie aus dem Fels verschiedene Minerale wie Kalzium, die dann über Bäche und Flüsse ins Meer getragen werden. Dort lagert sich der Kalk auf dem Meeresgrund ab.

Durch die Bewegung der Erdschollen wird der kalkhaltige Meeresboden schließlich ins Planeteninnere getragen. In der Hitze verflüssigt sich der feste Boden – und wird schließlich von Vulkanen wieder als Magma und gasförmiges Kohlendioxid an die Oberfläche gesprüht. Dann beginnt der Kreislauf erneut.

Als sich Leben wohl vor vier Milliarden Jahren auf der Erde zu entwickeln begann, war die Sonne kühler als heute und ihre Leuchtkraft um fast ein Drittel geringer. Das von den Vulkanen produzierte Wasser und Kohlendioxid führte damals dazu, dass die Erde nicht permanent einfror.

Später, als die Kraft der Sonne zunahm, wirkte der von der Plattentektonik angetriebene Kohlenstoffkreislauf wie ein Thermostat, der verhinderte, dass es zu heiß wurde.

Denn wenn die Temperaturen steigen, verdunstet mehr Wasser aus den Meeren. Dadurch fällt mehr Regen. Mehr Kohlendioxid wird ausgewaschen, mehr Gestein verwittert, mehr Kohlenstoff wird ins Erdreich befördert. Weniger Sonnenstrahlung wird zurückgehalten: Die Temperaturen sinken.

Gleichzeitig veränderten sich durch die Drift der Erdschollen immer wieder die Lebensräume. Kontinente bewegten sich vom Äquator in Richtung der Pole oder umgekehrt. Ein Umstand, der Tiere und Pflanzen dazu zwang, ihre Habitate zu verlagern oder sich anzupassen.

Manche Forscher vermuten, dass dies ein Motor der Evolution war und zu einer größeren Biodiversität beigetragen hat. Ebenso fördert die Tektonik die schiere Vielfalt an Lebensräumen, die durch das Auffalten von Gebirgen oder die Geburt von Vulkaninseln im Meer entsteht.

Gelegentlich bewirkt das Wandern der Platten, dass sich sämtliche Landmassen der Welt zu einer einzigen zusammenhängenden Fläche zusammenballen. Wohl mindestens vier solcher Superkontinente entstanden im Lauf der Erdgeschichte. Der bislang letzte – Pangaea – bildete sich vor 250 Millionen Jahren und zog sich von Pol zu Pol.

Moderne Analysen haben ergeben, dass es in rund 250 Millionen Jahren wieder so weit ist: Dann wird ein neuer Superkontinent das Antlitz der Erde prägen.

Wo die gewaltige Landmasse liegen wird, ist derzeit noch umstritten. Nach einer Modellrechnung wird sich der zukünftige Superkontinent über einen riesigen Bereich rund um den Nordpol erstrecken.

Und von dort wird der Tanz der Kontinente dann von Neuem beginnen •

In rund 250 Millionen Jahren wird wohl ein neuer Superkontinent das Antlitz der Erde prägen

AUF EINEN BLICK

Erdkruste

Vor etwa drei Milliarden Jahren zerbricht – vielleicht nach einem Asteroiden-Einschlag – die Oberfläche der Erde in mehrere bewegliche Platten.

Tektonik

Durch Umwälzungen innerhalb des heißen Erdmantels versinken solche Platten und bilden sich aufs Neue. Infolgedessen entstehen Gebirge, brechen Vulkane aus, kommt es zu Erdbeben.

Superkontinente

Die Bewegung der Platten führt dazu, dass sich alle Landmassen immer wieder zu einem Superkontinent zusammenfügen.

Evolution

Die Drift der Kontinente hat immer wieder neue Biotope entstehen lassen und so die Entwicklung des Lebens befördert.

UTE EBERLE, Jg. 1971, ist Wissenschaftsautorin in Baltimore, USA, und schreibt regelmäßig für GEOkompakt.

Die schönsten Plätze der Welt!
DAS REISEMAGAZIN
OKTOBER 2018
GEO SAISON
www.geo-saison.de
Deutschlands schönste Dörfer
15 Landpartien für ein perfektes Wochenende*
Jetzt im Handel.
Uruguay
Südamerikas Miniatur-Wunderland
Mailand
Italiens neue Luftschlösser: Bauten zum Staunen
DANZIG
Polens weltoffene Prachtstadt
Kreuzfahrt
Die Einsteigertour
KURZTRIPS: DUNDEE • ANTWERPEN • LINZ
Das Reisemagazin.

Mit der Kraft der Sonne
Wie vor Jahrmilliarden schon bilden an der Westküste Australiens Cyanobakterien, die Sonnenstrahlen einfangen und Photosynthese betreiben, bizarre Strukturen aus Kalk – sogenannte Stromatolithen

TEXT: MARTIN PAETSCH UND SEBASTIAN WITTE

DIE ENTDECK DES LICHTS

UNG

Lange Zeit beziehen die ersten einzelligen Lebewesen ihre Energie von chemischen Stoffen aus dem Erdinneren. Doch dann lernen einige von ihnen, die Strahlen der Sonne zu nutzen – und revolutionieren so das Leben auf dem Planeten

Dem Wasser entwachsen

Küstennahe Stromatolithen, hier in Australien, fallen bei Ebbe zeitweise trocken. Manche der Formationen gleichen uralten Fossilien und bieten Forschern einzigartige Einblicke in die Frühform der Photosynthese

Die ersten Mikroben, die vor nahezu vier Milliarden Jahren entstehen, leben in völliger Finsternis. Denn für Jahrmillionen ist die Tiefsee der einzige Lebensraum dieser urtümlichen Wesen. An heißen Tiefseequellen gewinnen sie Energie aus Wasserstoff, einem Gas, das aus Spalten im Ozeangrund dringt. Irgendwann entstehen Mikroben, die ihre Kraft zudem aus Schwefelwasserstoff beziehen, einem nach faulen Eiern riechenden Gas, das ebenfalls im Quellwasser enthalten ist.

Zunächst treiben die fragilen Geschöpfe noch vereinzelt durchs Wasser. Doch nach einiger Zeit ist der Meeresboden rund um die heißen Quellen mit einem fleckigen weißen Belag überzogen – er besteht aus gewaltigen Mengen von Mikroben.

Aber nicht alle Kolonien bleiben in der Dunkelheit. Denn der Ozeanboden ist in ständiger Bewegung: Die Erdplatten verschieben sich gegeneinander, unterseeische Vulkane entstehen. Dabei werden Teile des Meeresgrunds immer höher aufgeworfen und nähern sich unaufhaltsam der Wasseroberfläche. Und mit ihnen auch die darauf lebenden Mikroben.

Weiter oben sind die Bakterien allerdings einer großen Gefahr ausgesetzt: der von der Sonne ausgesandten UV-Strahlung, welche die empfindlichen Erbmoleküle schädigt.

Den Bakterien kommt zugute, dass geologische Prozesse wie die Verschiebung des Meeresgrunds äußerst langsam ablaufen, über Jahrmillionen. So bleibt den Organismen genügend Zeit, Abwehrmechanismen gegen die schädliche Strahlung zu entwickeln.

Manche hüllen sich in eine Kruste aus Mineralen, die sie vor dem UV-Licht abschirmt. Andere schützen sich mit speziellen Farbstoffen, die einen Großteil der Strahlung absorbieren, ehe sie die Erbsubstanz schädigen kann.

Und als die einstigen Tiefsee-Mikroben im flachen Wasser dem täglichen Sonnenlicht ausgesetzt sind, geschieht etwas Erstaunliches: Sie überleben die Strahlung nicht nur – sondern machen sich die Kraft der Sonne sogar zunutze.

Wie genau das damals geschieht, ist noch immer ein Rätsel. Möglicherweise wandeln die Bakterien dazu jene Farbstoffe um, mit denen sie sich vormals gegen die Sonne geschützt haben. Fest steht: Schon früh, mindestens vor 2,7 Milliarden Jahren, fangen die Mikroben das Sonnenlicht mit einer Reihe von Molekülen auf – und gewinnen daraus Energie.

Damit beginnt ein Prozess, der die Welt verändern wird wie kaum ein zweiter: die Photosynthese.

Zunächst bedienen sich die Bakterien aber einer archaischen Vorform dieser Reaktion. Vermutlich verwerten sie – wie schon ihre Ahnen Jahrmillionen zuvor – immer noch Schwefelwasserstoff, jenes Gas, das in der Nähe von Vulkanen aus dem Boden quillt.

Doch nun spalten sie das Molekül bei der Photosynthese (von griech. *phos*, „Licht“, und *sýnthesis*, „Zusammensetzung“) mithilfe des Sonnenlichts auf und nutzen die Energie der Strahlung, um in einer Kette chemischer Reaktionen Zuckerverbindungen herzustellen – also Biomoleküle, die die Mikroben zum Leben brauchen. Schnell etablieren sich diese Organismen am Ufer vulkanischer Inseln.

Zwar wirken die zerklüfteten Küsten aus schwarzem Gestein noch völlig unbelebt. Doch im seichten Wasser schimmern grüne und violette Flächen: Dort gedeihen Bakterienteppiche.

Im Inneren dieser schleimigen Matten ist die Evolution weiter am Werk. Die Mikroben bilden immer neue Molekülgebilde aus, die ihnen bei der Photosynthese helfen. Bald wächst in manchen Bakterienzellen eine Art winziger Maschinenpark heran – ein Zusammenschluss aus teils mehr als 100 verschiedenen Molekülen, die miteinander kooperieren und gemeinsam immer mehr Energie aus Sonnenlicht gewinnen.

Wichtigster Bestandteil dieses Photosynthese-Apparates sind lichtempfindliche Pigmente, darunter das Chlorophyll: jener Farbstoff, der zum Beispiel heutigen Pflanzen ihren Grünton verleiht. Es sind Substanzen, die das Sonnenlicht ernten, indem sie dessen Energie über eine hochkomplexe, perfekt abgestimmte Reaktionskette auf andere Stoffe innerhalb der Zelle übertragen.

Die molekularen Sonnenkollektoren sind eingebettet in spezialisierte Membranen im Inneren der Bakterien. Mehrere Membranschichten durchziehen die Zelle und vergrößern so enorm die Ausbeute an Sonnenlicht.

Energienutzung

Das Prinzip der frühen Photosynthese

Spezielle Bakterien sind die ersten Lebewesen, die Lichtenergie in Zucker umzuwandeln vermögen – ein Vorgang, der bis heute in grünen Pflanzen abläuft

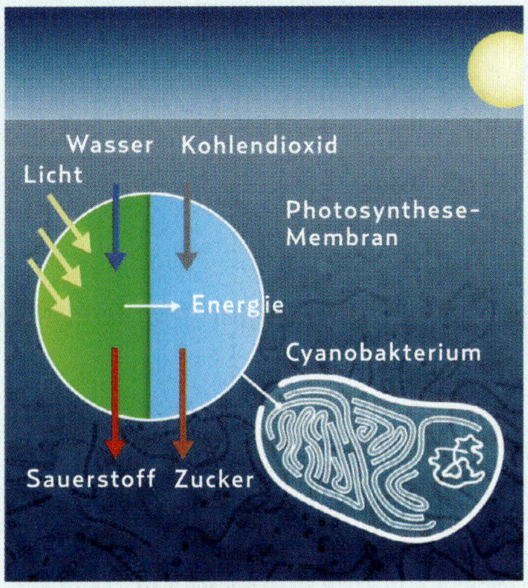

So nutzt ein **Cyanobakterium** die Kraft der Sonne: **Lichtstrahlen** treffen auf grüne Farbstoffe, die in speziellen **Photosynthese-Membranen** lagern. Über komplizierte chemische Reaktionen zerlegt die Energie des Lichts **Wasser** in seine Bestandteile. Der **Sauerstoff** entweicht, die **Energie** des Wasserstoffs wird genutzt – wiederum über mehrere Schritte –, um aus **Kohlendioxid Zucker-Moleküle** aufzubauen, in denen nun die Energie des Sonnenlichts gespeichert ist.

Der Photosynthese-Apparat der Einzeller ist schließlich so effizient, dass die Mikroben nicht mehr auf die begrenzten Vorkommen von Schwefelwasserstoff angewiesen sind. Die neuartigen Organismen, erste Urformen von Cyanobakterien (von griech. *kyanós*, „blau“), vermögen mit der Kraft des Lichtes nun einen anderen Ausgangsstoff zu nutzen. Eine Substanz, die überall auf der Erde vorkommt: Wasser.

Die Energie des Sonnenlichts versetzt die Bakterien in die Lage, das Wasser in seine Bestandteile aufzuspalten: Wasserstoff und Sauerstoff. Den Wasserstoff verwerten sie weiter und produzieren daraus in Verbindung mit Kohlendioxid lebenswichtige Zuckermoleküle. Den Sauerstoff hingegen scheiden sie aus.

Und dieses farb- und geruchlose Gas wird zum folgenreichsten Abfallprodukt der Evolutionsgeschichte.

W

Was die winzigen Organismen von sich geben, hat zu jener Zeit – vor rund drei Milliarden Jahren – nämlich noch Seltenheitswert: Die Atmosphäre besteht hauptsächlich aus Kohlendioxid und anderen Vulkangasen. Sauerstoff ist dagegen nur in Spuren vorhanden.

Bald jedoch produzieren Cyanobakterien das Gas in Massen.

An vielen Küsten der Erde ragen bei Ebbe jetzt seltsame Höcker aus dem Wasser. Es sind gewaltige Kolonien der Mikroben, die auf schichtweise aufgetürmten Ablagerungen ihrer Vorfahren wuchern.

Die oberste Lage dieser Stromatolithen (von griech. *stroma*, „Schicht“, und *líthos*, „Stein“) besteht aus lebenden Cyanobakterien, der Rest ist versteinert. Denn durch die Photosynthese verändern die Cyanobakterien in ihrer direkten Umgebung das chemische Milieu des Meerwassers; als Folge davon setzt sich in den schleimigen Mikroben-Matten Kalk ab.

Weil diese Einlagerungen aber das Sonnenlicht blockieren, bilden die Bakterien weiter oben eine neue Schicht, während die alte zu Kalkstein aushärtet. Über Jahrhunderte wachsen so die steinernen Gebilde heran; im Flachwasser entstehen urtümliche, von Mikroben geformte Riffe.

Wahrscheinlich besiedeln zugleich andere Cyanobakterien die Küstengewässer. Als Plankton treiben sie in den oberen Schichten des Ozeans. Und auch sie stoßen Sauerstoff aus.

Noch reichert sich das Gas in der Erdatmosphäre aber nicht an. Und das wird sich über Jahrmillionen auch nicht ändern: Denn der Sauerstoff reagiert sofort mit anderen Substanzen; zum Beispiel verbindet er sich mit dem reichlich im Seewasser gelösten Eisen zu Rost. Der sinkt auf den Meeresgrund nieder und lagert sich dort als Schlamm ab.

Doch schließlich ist das im Ozean gelöste Eisen aufgebraucht und nun steigt der Sauerstoff in die Atmosphäre auf und reichert sich dort immer weiter an. Zugleich erobern die Licht liebenden Bakterien immer mehr Lebensräume.

Denn anders als in der Frühzeit der Erde, als der Ozean nur von einigen Vulkanketten durchbrochen wurde, haben sich seither über etliche Jahrmillionen Kontinente gebildet. Diese Landmassen werden von den Mikroben jetzt nach und nach besiedelt.

Auf Tümpeln bilden sich schillernde Filme, auf Flüssen treibt grünbrauner Schaum. Auch diese Ablagerungen bestehen aus Bakterien, die Photosynthese betreiben und Sauerstoff ausscheiden.

Gemeinsam mit ihren Verwandten im Meer verwandeln diese unscheinbaren Geschöpfe in einer Ära vor rund 2,5 bis 2,4 Milliarden Jahren den Planeten für immer: Sie produzieren nun derart viel Sauerstoff, dass dessen Konzentration in der Atmosphäre drastisch zunimmt.

Das Ergebnis der bakteriellen Ausdünstungen ist eine Umweltkatastrophe gewaltigen Ausmaßes, denn für viele Mikroorganismen sind selbst kleinste Sauerstoffmengen tödlich. Das Gas zerstört ihre Zellen, viele sterben aus, andere ziehen sich in Bereiche ohne Sauerstoff, etwa in tiefe Bodenschichten, zurück.

Die Sauerstoff-Revolution verändert nicht nur die Atmosphäre und führt zu einem Massensterben der Mikroben. Sie verändert auch das Antlitz der Erde: Das Gas verbindet sich nun mit Eisen im schwarzen Vulkangestein – und bildet rotes Eisenoxid. Mit anderen Worten: Der gesamte Planet rostet. Bald hat er sich in eine leuchtend rote Welt verwandelt, ähnlich dem heutigen Mars. Selbst in der oberen Atmosphäre hat das von den Mikroben produzierte Gas weitreichende Folgen. Dort spaltet Sonnenlicht die Sauerstoffmoleküle auf, es entsteht Ozongas.

In großer Höhe formt diese unsichtbare Substanz eine Schicht, die den Planeten umhüllt und einen Großteil des schädlichen UV-Lichts herausfiltert. Fortan sind Lebewesen auf der Erde besser vor dieser tödlichen Strahlung geschützt.

Der freigesetzte *Sauerstoff* verändert das Antlitz der Erde und ermöglicht neue *Lebensformen*

Die lebenspendende Substanz
Der lichtempfindliche, grüne Farbstoff Chlorophyll gehört bis heute in grünen Pflanzen und Algen (hier Spirulina) zu den wichtigsten Bestandteilen des Photosynthese-Apparats

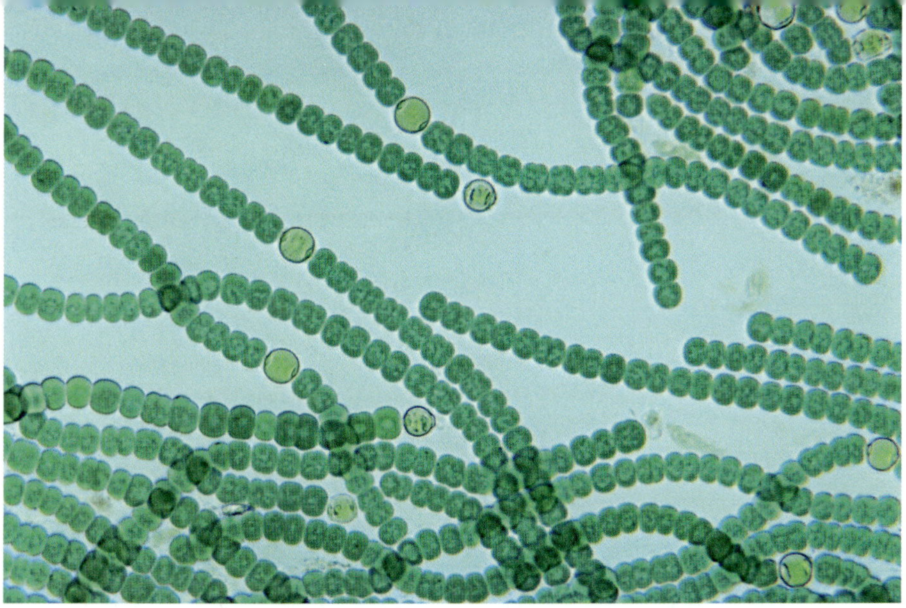

Grüne Minifabriken
Die Zellen mancher Cyanobakterien bilden lange Ketten. Teils mehr als 100 verschiedene Moleküle kooperieren in jeder Zelle, um Licht in chemische Energie zu verwandeln

Und schließlich revolutioniert die Photosynthese auch das Leben selbst. Denn die Bakterien bleiben nicht die einzigen Organismen, die sich das Sonnenlicht zunutze machen.

Vor vielleicht 1,8 Milliarden Jahren kommt es zu einer ungewöhnlichen Kooperation: Ein etwas größerer Einzeller – ein sogenannter Eukaryot, der bereits einen Zellkern besitzt – verleibt sich ein Cyanobakterium ein. Die Liaison ist ungemein erfolgreich: Im Schutz der fremden Zelle kann das Bakterium weiter Photosynthese betreiben, während sein Wirt von der gewonnenen Energie profitiert.

Die einverleibten Cyanobakterien verwandeln sich mit der Zeit in Zellorgane ihres Wirtes: in Chloroplasten (von griech. *chlōrós*, „grün", und *plastós*, „geformt"). Dank dieser neuen Photosynthese-Organe können nun auch Eukaryoten das Sonnenlicht für sich nutzen.

Auf diese Weise entstehen einzellige Algen, die sich über die Weltmeere ausbreiten und gewaltige Mengen von Sauerstoff freisetzen. Durch die Algen steigt die Konzentration des Gases noch weiter, bis es in der Luft einen ähnlich großen Anteil wie heute erreicht – derzeit liegt ihr Sauerstoffgehalt bei 21 Prozent.

Obwohl die Einzeller große Mengen des Gases freisetzen, geht ein Teil des Sauerstoffs wieder verloren, etwa indem er sich mit frischem, von der Erosion freigelegtem Gestein verbindet. So pendelt er sich in der Luft auf beständig hohe Werte ein.

Aus Kolonien der Licht liebenden Winzlinge bilden sich vor wohl 1,6 bis 1,2 Milliarden Jahren die ersten mehrzelligen Algen (siehe Seite 64). Und aus ihnen wiederum gehen die Landpflanzen hervor, die vor 460 Millionen Jahren beginnen, die Kontinente zu erobern. Mit deren Siegeszug verwandelt sich der rote Planet in eine grüne Welt.

Vor allem aber: Der von den Cyanobakterien, Algen und Pflanzen produzierte Sauerstoff ermöglicht das Heranreifen völlig neuer Lebensformen. Denn wie immer in der Evolution entwickeln sich nun Wesen, die mit den veränderten Umweltbedingungen – also dem für viele andere Organismen giftigen Gas – gut zurechtkommen.

Zu ihnen gehören Lebewesen, die sich vor etwa 750 Millionen Jahren herauszubilden beginnen: die Tiere. Diese neuen Lebensformen vertragen nicht nur die neuen atmosphärischen Bedingungen – sie atmen den Sauerstoff sogar ein: Im Laufe der Evolution haben sie gelernt, sich das vormals giftige Gas zunutze zu machen.

Sie ernähren sich von energiereichen Verbindungen wie etwa Zucker, die in dem pflanzlichen Gewebe gespeichert sind. Mithilfe des eingeatmeten Sauerstoffs spalten sie diese Moleküle auf: Aus dieser chemischen Reaktion schöpfen sie ihre Lebenskraft.

Mit dem Sauerstoff vermögen die Tiere 18-mal mehr Energie aus ihrer Nahrung zu gewinnen als Organismen, die Zuckermoleküle ohne Hilfe von Sauerstoff abbauen. Dies stellt einen gewaltigen evolutionären Schub für das Leben dar, das sich nun freier als jemals zuvor entfalten kann.

Im Verlauf einiger Hundert Millionen Jahre – einer kurzen Zeitspanne im Vergleich zum Erdalter von 4,5 Milliarden Jahren – entsteht jetzt nach und nach eine Welt von enormer Lebensvielfalt.

Eine Welt voll üppiger Wälder, weitläufiger Savannen und satter Grasländer.

Eine Welt, die Tieren reichlich Nahrung bietet.

Eine Welt, die fast ausschließlich auf einer außerirdischen Energiequelle beruht: der Sonne •

AUF EINEN BLICK

Gefährliche Strahlung

Anfangs sind UV-Strahlen, die die empfindlichen Erbmoleküle schädigen, eine tödliche Bedrohung für das Leben.

Die Kraft des Lichts

Im Laufe der Evolution gelingt es Vorläufern von Cyanobakterien, sich nicht nur vor den Strahlen zu schützen, sondern deren Energie auch zu nutzen und umzuwandeln.

Grünes Erfolgsmodell

Cyanobakterien bleiben nicht die Einzigen, die zur Photosynthese fähig sind. Später gelingt dies auch komplexeren Strukturen, etwa mehrzelligen Algen.

Der verwandelte Planet

Aus den Algen gehen die Landpflanzen hervor, die vor etwa 460 Millionen Jahren die Kontinente erobern und begrünen.

Der Wissenschaftsjournalist **MARTIN PAETSCH**, Jg. 1970, lebt in Hongkong; **SEBASTIAN WITTE**, Jg. 1983, ist Textredakteur im Team von GEOkompakt.

Auf dem zur VIELFALT

Wie diese millimetergroßen Volvox-Algen sind auch frühe mehrzellige Organismen irgendwann aus spezialisierten Zellen aufgebaut: Manche bilden eine äußere Hülle und übernehmen zum Beispiel die Ernährung, andere dienen der Fortpflanzung

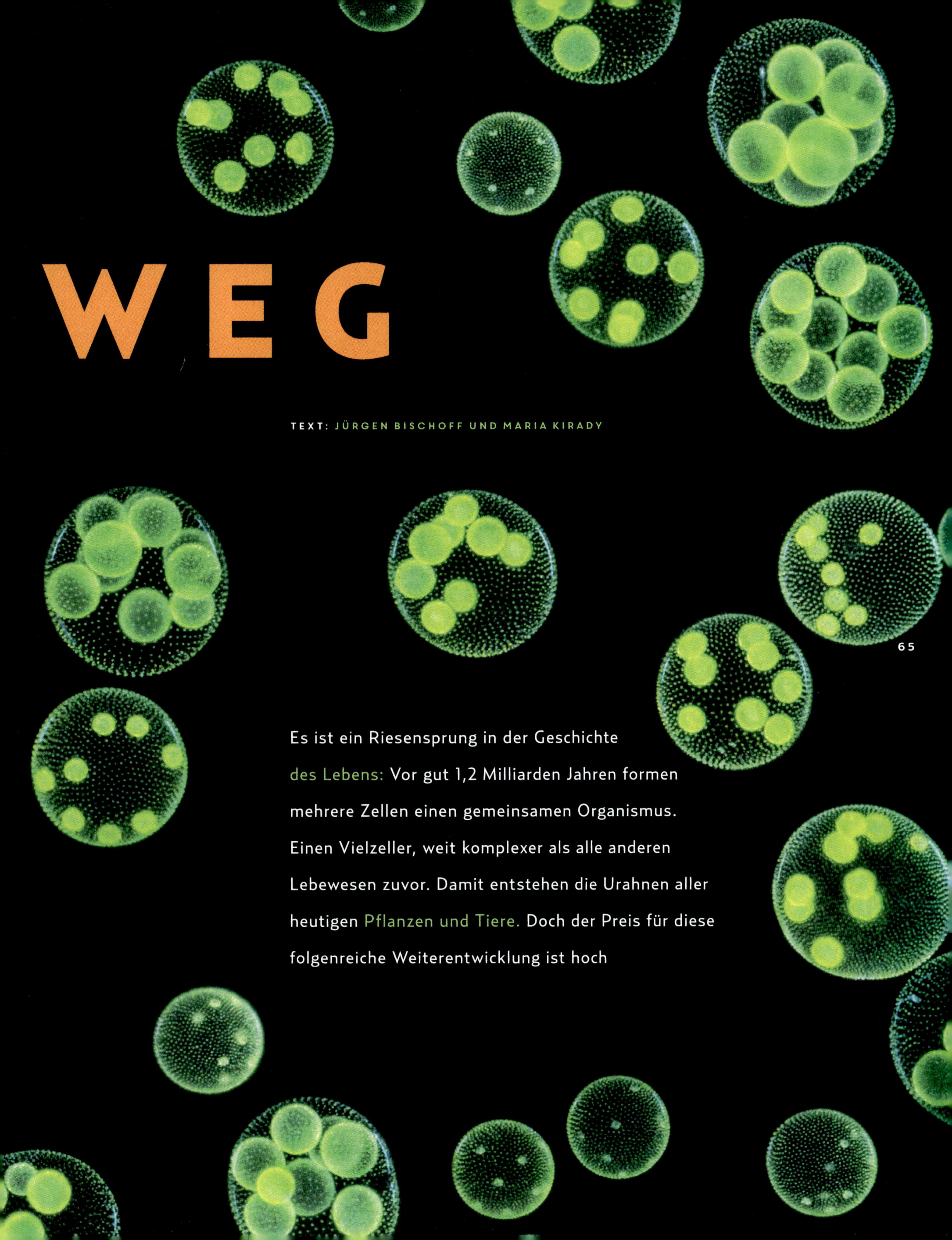

WEG

TEXT: JÜRGEN BISCHOFF UND MARIA KIRADY

Es ist ein Riesensprung in der Geschichte des Lebens: Vor gut 1,2 Milliarden Jahren formen mehrere Zellen einen gemeinsamen Organismus. Einen Vielzeller, weit komplexer als alle anderen Lebewesen zuvor. Damit entstehen die Urahnen aller heutigen Pflanzen und Tiere. Doch der Preis für diese folgenreiche Weiterentwicklung ist hoch

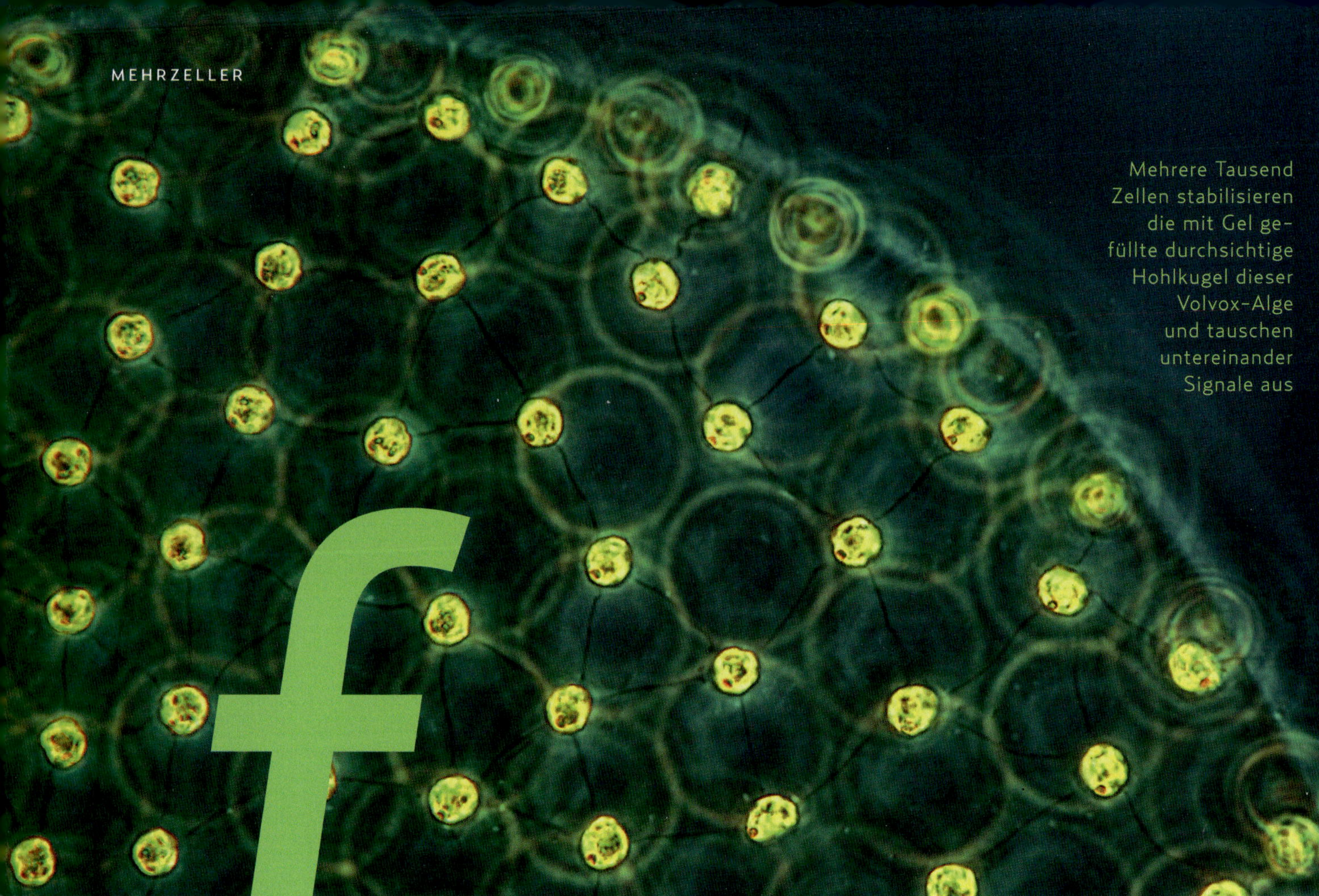

Mehrere Tausend Zellen stabilisieren die mit Gel gefüllte durchsichtige Hohlkugel dieser Volvox-Alge und tauschen untereinander Signale aus

Fast könnte man in der Ära vor 2,4 Milliarden Jahren meinen, das Leben, gut eine Milliarde Jahre zuvor entstanden, lösche sich nun selbst wieder aus. Denn das Meer, eben noch von Myriaden Mikroorganismen bevölkert, beginnt sich zu lichten: Die Einzeller erstarren und trudeln tot auf den Meeresgrund. Es ist das erste (und wohl größte) Massenaussterben in der Geschichte des Planeten.

Doch zugleich ist dies der Auftakt zu einer schier unglaublichen Entwicklung. Denn inmitten des Untergangs kommt es zu einer Revolution, die noch Milliarden Jahre später das Leben der allermeisten Pflanzen und Tiere bestimmen wird.

Auf faszinierende Weise werden sich aus simplen Einzellern die Urahnen sämtlicher komplexer Lebewesen entwickeln, die bald darauf die Ozeane und dann das Land erobern.

Diese Wandlung des Lebens wird sich in drei Schritten vollziehen:

- Zunächst werden sich die einzelligen Mikroben nach dem Teilen ihrer Zellen bei der Vermehrung nicht mehr voneinander trennen, sodass etwas nie Dagewesenes entsteht: ein Mehrzeller.
- Im zweiten Schritt entwickelt sich eine Aufgabenteilung unter den Zellen – sie spezialisieren sich und ermöglichen so immer komplexere, faszinierende Lebensformen.
- Im dritten Schritt wird ein geniales Vermehrungsprinzip die Evolution der Mehrzeller rasant beschleunigen: der Sex.

Doch bis es so weit ist, muss das Leben noch einige Entwicklungsstufen durchlaufen. Und dieser Prozess beginnt mit dem Absterben jener Billionen von Einzellern, die weichen müssen, weil sich die Welt gerade radikal und unwiederbringlich verändert.

Verantwortlich für den dramatischen Wandel und den Schwund der Kleinstlebewesen ist ein Gas, das geruchlos ist und absolut tödlich und sich nun in gigantischen Mengen im Wasser sowie der darüber liegenden Atmosphäre anreichert: Sauerstoff.

Spezielle Mikroben scheiden es als Abfallprodukt aus. Dank einer Reihe von genetischen Veränderungen können sie mithilfe von Sonnenlicht und Kohlendioxid selber Energie erzeugen sowie Kohlenstoff in organischer Form binden – und Sauerstoff freisetzen (siehe Seite 58).

Reiner Sauerstoff aber ist so aggressiv, dass er viele chemische Verbindungen zerreißt. Und so sabotiert das Gift den Stoffwechsel der ersten einzelligen Lebewesen und rafft sie in Scharen dahin.

Nur wenige Organismengruppen überleben diese tiefgreifende Veränderung. Durch zahlreiche genetische Zufälle sind über Generationen hinweg die Bausteine ihrer Körper letztendlich so stabil geworden, dass der Sauerstoff ihnen kaum etwas anhaben kann.

Unter ihnen sind vor allem die Verursacher des Massensterbens: Vorfahren späterer Cyanobakterien, die das Sonnenlicht zur Energiegewinnung nutzen.

Sie sind vermutlich als Erste fähig, das eigene Gift auszuhalten.

Daneben entwickelten sich weitere Einzeller, die einen raffinierten Weg gefunden haben, den Sauerstoff für sich zu nutzen. Sie ernähren sich von den Überresten und Ausscheidungen anderer und setzen dabei das Gas gezielt ein, um die Abfälle aufzuspalten und die darin gespeicherte Energie freizusetzen.

Chemisch gesehen, funktioniert der Vorgang in etwa so wie das Verbrennen eines Holzscheits zu Asche, nur eben in viel, viel kleinerem Maßstab – und vor allem: ohne großen Energieverlust in Form entstehender Wärme. Man könnte daher auch sagen, dass sie als erste Wesen überhaupt ihre Nahrung mithilfe von Sauerstoff verbrennen. Als Abfallprodukt scheiden diese Mikroben Kohlendioxid aus, das wiederum den Cyanobakterien als Ausgangsstoff dient.

Und schließlich entstehen bald noch etwas größere, räuberisch lebende Exemplare, die kleinere Mikroben im Ganzen verschlingen, indem sie ihre weiche Zellhülle über sie stülpen. Im Zellinneren wird das Opfer dann langsam zersetzt.

Die wohl markanteste Besonderheit dieser Räuber ist, dass sie ihr Erbgut gut geschützt in eine kugelförmige Hülle verpackt haben, den sogenannten Zellkern. Wissenschaftler werden sie daher sehr viel später Eukaryoten nennen (von griech. *eū*, „gut", und *káryon*, „Kern").

Diese Gemeinschaft der Überlebenden driftet rund 300 Millionen Jahre (manche Forscher sagen: erst 800 Millionen Jahre) nach dem großen Sterben im Meer.

Da bahnt sich die nächste Umwälzung an. Einige der räuberischen Eukaryoten tun etwas Seltsames: Sie lassen die verschlungene Beute, etwa ein Sauerstoff atmendes Bakterium, am Leben.

Das bedeutet, dass die kleinere Mikrobe, gut geschützt vor Fressfeinden, im Inneren der größeren einfach weiterexistiert – und auch weiter mithilfe von Sauerstoff Nahrung aufspaltet. Ein Vorgang, der deutlich effizienter ist als die langsame Zersetzung, die ihr Wirt praktiziert.

Von der dabei frei werdenden Energie profitiert auch der Eukaryot. Und so bilden die beiden bald ein eingespieltes Team: Die Wirtszelle spezialisiert sich auf die Nahrungssuche und verschlingt alles in ihrem Weg – und im Inneren verbrennt ihr Partner die Beute.

Diese Verbindung erweist sich als derart vorteilhaft, dass die so unterschiedlichen Mikroben irgendwann zu einer untrennbaren ständigen Lebensgemeinschaft werden und sich auch gemeinsam durch Zellteilung vermehren.

Forscher sprechen von einer Endosymbiose (von griech. *éndon*, „innen", und *symbíōsis*, „Zusammenleben").

Und so existieren im Urmeer bald Milliarden Sauerstoff atmende Mikroorganismen mit Zellkern. In ihrem Inneren beherbergen sie einen oder sogar mehrere, ehemals eigenständige kleine Partner.

Forscher werden ihnen später den Namen „Mitochondrien" geben (und es gibt sie bis heute in allen Zellen höherer Lebewesen, auch denen des Menschen).

Doch damit ist der Wandel der Eukaryoten noch nicht abgeschlossen. Einigen der neuartigen Einzeller gelingt noch ein weiteres Kunststück: Sie verschlingen Cyanobakterien, ohne sie zu töten.

Das verleiht ihnen nun zusätzlich die Fähigkeit, das Sonnenlicht zu nutzen und aus gasförmigem Kohlendioxid organische Kohlenstoffverbindungen herzustellen – den künftigen Baustoff allen Lebens. Auf diese Weise entstehen Mikroben, die besonders gut an die Verhältnisse im jungen Ozean angepasst sind.

Die ersten *mehrzelligen* Wesen verdanken ihre Existenz einem *genetischen Unfall*

Die von den Einzellern in ihrem Inneren vereinnahmten Cyanobakterien werden Wissenschaftler wegen deren charakteristisch grüner Farbe später Chloroplasten nennen (von griech. *chlōrós*, „grün", und *plastós*, „geformt").

Durch diese erneute Endosymbiose wird die Nutzung der Sonnenenergie derart lukrativ für die betreffenden eukaryotischen Algen, dass sie sich bald nur noch darauf konzentrieren.

So schwimmen schon nach kurzer Zeit Scharen Sauerstoff produzierender Eukaryoten nahe der Meeresoberfläche

Evolution

Das Leben wird komplex

Im Verlauf von Jahrmillionen entwickeln sich aus winzigen Einzellern immer vielschichtigere Organismen

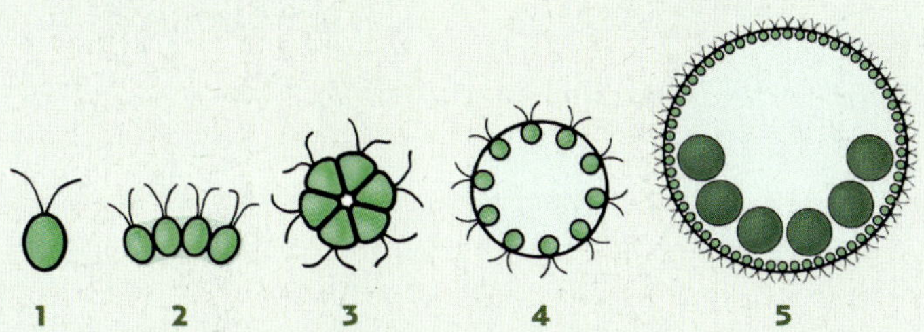

Stadien zunehmender Komplexität: Anfangs schwimmen einzellige Algen (1) im Ozean. Sie bewegen sich mit zwei winzigen Fortsätzen. Mutationen bewirken, dass bei einigen Spezies nach der Teilung Zellen miteinander verbunden bleiben und eine Lebensgemeinschaft bilden (2). Es sind erste einfache Mehrzeller. Mit der Zeit formen sich daraus immer größere Gebilde (3, 4). Bald entstehen Algen, die aus Hunderten Zellen bestehen und in ihrem Inneren ihre Nachkommen als kleine Tochterkugeln lagern (5).

oder besiedeln die Felsen im lichtdurchschienenen küstennahen Wasser. Diese einzelligen Algen sind die Vorfahren sämtlicher Pflanzen.

Mit der Entwicklung der Eukaryoten gibt es nun zwei weitere Gruppen von Lebewesen, die einander ergänzen und den weiteren Verlauf der Erdgeschichte maßgeblich beeinflussen werden:

I. die Vorläufer der Pflanzen. Sie produzieren mithilfe von Sonnenlicht und Kohlendioxid Sauerstoff und organische Kohlenstoffverbindungen,

II. die Vorläufer der Tiere. Sie ernähren sich von ihren Mitgeschöpfen, indem sie deren kohlenstoffhaltige Körper fressen und die darin gespeicherte Energie nutzen. Dabei atmen sie Sauerstoff ein und stoßen Kohlendioxid aus.

Aus evolutionärer Sicht bietet *Vielzelligkeit* enorme Vorteile. Auch wenn der *Einzelne* nun sterben muss

t

Theoretisch könnte es nun ewig so weitergehen. Dann wäre das Meer auch Milliarden Jahre später nur von Einzellern bevölkert. Dann würden nie Lebewesen das Land erobern, würden keine Blumen, Insekten, Säugetiere entstehen. Und auch keine Menschen.

Aber es ist ein Prinzip der Evolution, sich bestmöglich anzupassen. Und was auf den ersten Blick wie ein harmonisches Gleichgewicht zwischen den Vorläufern der Pflanzen und den Vorläufern der Tiere wirkt, ist in Wahrheit ein erbarmungsloser Wettlauf: Erringt eine Mikrobe durch einen noch so winzigen genetischen Zufall einen Vorteil, nutzt sie ihn.

Vielleicht kann sie nun mehr Nahrung für sich beanspruchen, mehr Beute machen oder sich einen sonnigeren Platz am Meeresfelsen erkämpfen. Sie wird sich somit häufiger teilen können als andere Einzeller – und den genetischen Vorteil dabei an ihre Nachkommen weitergeben.

Die Teilung ist zu dieser Zeit ein noch recht simpler Vorgang: Dazu verdoppelt die Mikrobe zunächst ihre Erbsubstanz und ihre wichtigsten Zellbestandteile. Schließlich schnürt sie sich in der Mitte ein – bis zwei identische Tochterzellen entstehen. Die teilen sich bald abermals, sodass irgendwann eine Schar von Nachkommen den Felsen beherrscht, die aufs Neue miteinander wetteifert.

Auf diese Weise wird das Leben fortlaufend komplexer und vielschichtiger. Manche Mikroben übertrumpfen ihre Nachbarn, andere weichen aus, suchen sich eine neue Nische, in der sie überleben können. Schon tauchen die ersten Winzlinge auf, die sich eine Art Panzer zugelegt haben oder mithilfe einer winzigen Geißel umherrudern.

Und dann bricht die nächste umwälzende Veränderung über die Lebensgemeinschaft herein.

Denn irgendwann geht bei der Teilung einer Pflanzenzelle etwas schief: Eine zufällige genetische Änderung, eine Mutation im Erbgut, bewirkt, dass die beiden Tochterzellen nicht wie üblich auseinanderstreben. Stattdessen bleiben sie miteinander verbunden, ausgestattet mit identischem Erbgut: Ein Zweizeller entsteht.

Es ist eine Veränderung, die gigantische Auswirkungen haben wird. Denn die Mutation, einmal im Genom verankert, setzt sich in allen Nachkommen fort.

Und eines Tages bildet sich sogar ein Zellhaufen: ein Mehrzeller. Die darin miteinander verbundenen Zellen sind zwar alle gleich, schützen sich aber schon allein durch ihre Größe vor dem Verschlingen durch Fressfeinde.

Fortpflanzung durch Tod: Tochterkugeln (links) von Volvox werden im Inneren der Mutteralge gelagert und gelangen erst mit deren Absterben ins Freie

Das ist derart vorteilhaft, dass sich die Nachkommen des ersten Zellhaufens durchsetzen, sich vermehren und immer größere Dimensionen annehmen können – bis sich, wohl irgendwann in der Epoche vor 1,6 bis 1,2 Milliarden Jahren, Gebilde aus 100, vielleicht sogar 1000 Zellen formen.

Und einige von ihnen weisen eine Besonderheit auf: Die Zellen in diesen Verbänden sind nun nicht mehr alle gleich. Mutationen haben dazu geführt, dass manche etwas größer und andere etwas kleiner geraten sind.

Im Laufe der folgenden Jahrmillionen entwickeln sich diese Zellen immer weiter auseinander und teilen schließlich sogar die Arbeit auf: Manche etwa besitzen noch ihre Geißeln, mit denen sie kräftig rudern, um den Zellverband vorwärtszutreiben, andere haben diese Fähigkeit verloren und bilden stattdessen beispielsweise massive Zellwände, die die Hülle stabilisieren.

Auf diese Weise entsteht ein differenzierter Vielzeller: eine komplexe Alge.

Sie ist der Urahn der Landpflanzen.

Dies ist, nach der Endosymbiose, ein weiterer großer Sprung des sich entwickelnden Lebens auf dem Planeten Erde.

Doch birgt die Vielzelligkeit Herausforderungen ganz neuer Art. Um sich dauerhaft im Urozean durchzusetzen, muss auch diese Alge Nachkommen zeugen, sich vermehren. Ansonsten kann sie leicht – sei es durch Gift oder Hitze oder natürlichen Alterstod – ausgelöscht werden, und mit ihr würden auch all die neuen Fähigkeiten auf immer verschwinden. Sie vermag sich aber nicht einfach in der Mitte zu teilen wie ein Bakterium.

Stattdessen entwickelt sie eine Methode, die Knospung: Ein Teil des Mutter-Organismus schnürt sich ein, bis er abfällt. Aus diesem Körperfragment wächst ein neues, genetisch identisches Individuum heran. Für manche Lebewesen erweist sich diese Vorgehensweise als derart erfolgreich, dass sie noch Jahrmilliarden später so verfahren.

Daneben entwickelt sich eine zweite, weitaus raffiniertere Strategie, die noch Milliarden Jahre später von den meisten höheren Lebewesen praktiziert wird: Sex.

Oberflächlich betrachtet hat die geschlechtliche Fortpflanzung der kleinen Wesen wenig mit dem Geschlechtsverkehr gemein, den Tiere irgendwann betreiben werden. Doch das Prinzip ist das gleiche: Unter den spezialisierten Zellen der Alge bilden sich Keimzellen heraus (vergleichbar späteren Ei- und Samenzellen). Paaren sich nun zwei Algen, dann verschmelzen ihre Keimzellen miteinander, es mischt sich Erbgut der beiden Individuen – und das ist entscheidend.

Es entsteht also eine genetisch völlig neue Zelle mit einem zufälligen Mix des elterlichen Erbguts; ein Gen stammt vom Vater, eines von der Mutter.

Und noch etwas ist neu: Während bei den Bakterien durch einfache Zellteilung zwei fertige neue Bakterien entstehen, muss die neue Alge erst heranwachsen.

Dazu teilen sich die aus der Verschmelzung hervorgegangenen Zellen wieder und wieder. Nach einem komplexen, genetisch festgelegten Programm formen sich abermals kleine Geißeln, bildet sich eine schützende Außenhülle um das Innenleben – bis nach vielen Zellteilungen eine komplette Alge entsteht, die ihrerseits Keimzellen bildet, sich paart und vermehrt.

Aber weshalb betreiben die pflanzlichen Vielzeller diesen Aufwand? Welchen Nutzen birgt die Vermischung des Erbguts zweier Individuen im Vergleich zur simplen Knospung, bei der genetisch identische Nachkommen entstehen?

Anders gefragt: Welchen evolutionären Vorteil bringt der Sex?

Forscher haben dafür nur eine Erklärung: Sex bedeutet Varianz. Der Mix mütterlicher und väterlicher Gene bewirkt, dass mit jeder Generation eine Vielzahl völlig neuer Individuen mit je einzigartigen Eigenschaften entstehen.

Diese Durchmischung ist so etwas wie die Innovationsschmiede für das Erbgut einer Art. Und sie erhöht die Überlebenschancen einer Spezies: Denn Temperatur und Klima wandeln sich, die Evolution bringt neue Feinde hervor, Konkurrenten machen sich Reviere streitig.

Wären alle Individuen einer Art identisch, würden sie durch eine hereinbrechende Veränderung möglicherweise allesamt schnell dahingerafft. Doch in einer

Stammbaum

Die Genese des Lebens

Schon früh haben sich die Reiche der Tiere, Pflanzen und Pilze voneinander separiert

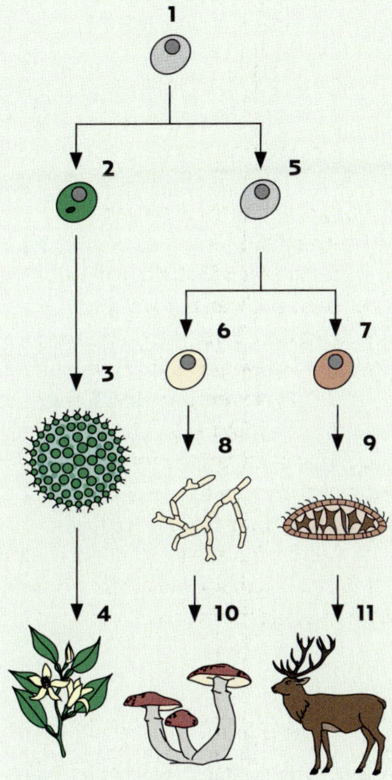

Aus einzelligen Wesen mit Zellkern (1) entwickelten sich zum einen Photosynthese betreibende Einzeller (2), die Urahnen der Pflanzen. Sie wurden zu mehrzelligen Algen (3), aus denen mit der Zeit sämtliche Gewächse (4) hervorgingen. Andere Einzeller (5) spalteten sich in zwei Linien, die Urahnen der Pilze (6) sowie die Urahnen der Tiere (7). Auch sie entwickelten zunächst mehrzellige Vorstadien (8 und 9), aus denen jeweils die heutigen Pilze (10) und Tiere (11) entstanden.

Der Stammbaum zeigt: Evolutionsgeschichtlich sind Pilze mit den Tieren näher verwandt als mit Pflanzen.

vielfältigen Population werden mit einiger Wahrscheinlichkeit immer ein paar Mitglieder besser mit den sich ständig ändernden Lebensbedingungen zurechtkommen oder ihren Feinden schneller entwischen – und so überleben.

Und weil nur die Anpassungsfähigsten im Wettlauf des Überlebens bestehen und ihre Gene an die nächste Generation weitergeben, schreitet die Entwicklung der ersten Vielzeller nun rasant voran.

Aus evolutionärer Sicht bergen Vielzelligkeit, Zellspezialisierung und Sex also Vorteile für das Überleben und die Anpassungsfähigkeit einer Art. Aus Sicht des Individuums folgt aus dieser Differenzierung jedoch etwas, das dem Leben gänzlich entgegensteht: der Tod.

Ein Organismus mit Zellen unterschiedlicher Aufgaben muss über kurz oder lang sterben. Denn seine Zellen haben sich spezialisiert – manche auf die Fortbewegung, andere aufs Fressen, wieder andere bilden Fasern. Mit dieser Spezialisierung aber verlieren sie eine entscheidende Fähigkeit: Sie können sich zwar häufig noch teilen, aber aus den Tochterzellen vermag in der Regel kein neuer Organismus mehr heranzureifen.

Die Konsequenz: Die Zellen altern und sterben schließlich.

Immer mehr und immer komplexere Algen, manche vielleicht kugelig, andere stäbchenförmig, treiben mit den Strömungen der See. Manche werden an die Küsten gespült, wo sie in den Brandungszonen regelrechte Algenteppiche bilden.

Und diese sich entwickelnden Vorfahren der Pflanzen gewinnen nun immer mehr Energie aus dem Sonnenlicht.

Zur gleichen Zeit bildet sich aus eukaryotischen Urahnen ein weiterer Zweig des Lebens: Denn manche vielzellige Wesen – die Urahnen der Tiere – entdecken irgendwann, dass sie überleben können, wenn sie die kohlenstoffhaltigen Körper ihrer Mitgeschöpfe jagen und vertilgen.

Der Siegeszug dieser Tierahnen beginnt vor etwa 750 Millionen Jahren. Es ist zu jener Zeit extrem kalt auf der Erde, ihr urzeitliches Weltmeer ist überwiegend mit Eis bedeckt.

AUF EINEN BLICK

Fusion

Durch eine Mutation im Erbgut bilden sich aus Zellen mit Kern einfache Haufen, aus denen über viele Zwischenstadien die ersten Tiere und Pflanzen reifen.

Sex

Vielzeller vervollkommnen eine raffinierte Vermehrungsstrategie, ohne die kein höheres Lebewesen auskommt: Sex. Der beschleunigt die Evolution rasant.

Tod

Einzeller sind im Prinzip unsterblich. Organismen mit spezialisierten Zellen müssen dagegen altern – und damit über kurz oder lang sterben.

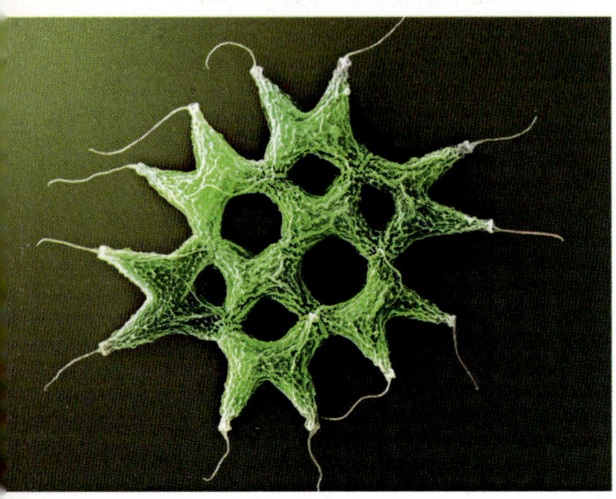

Auch heute noch zeigen einfache Mehrzeller vielfältige Formen: Diese beiden mit Geißeln bewehrten Spezies von Grünalgen leben im Süßwasser

Dort, im Ozean, formt sich aus kleinen Zellhaufen der erste tierische Vielzeller. Er entsteht wahrscheinlich aus winzigen Einzellern, die über eine Geißel verfügen, mit deren Hilfe sie sich fortbewegen, festhalten oder Nahrung – Algen und Bakterien – herbeistrudeln.

Die Entwicklung kann man sich etwa so vorstellen: Ein Einzeller mit Geißel teilt sich, aber wie schon bei der Entstehung der Pflanzen-Vorfahren trennen sich auch hier die beiden Tochterzellen nicht. Stattdessen teilen sich die verbundenen Tochterzellen weiter und weiter, so wie ihr biologisches Programm es vorsieht: Es entstehen immer neue Zellen, mit identischem Erbgut.

Aus diesen Zellen bildet sich allmählich ein im Meer treibender Zellhaufen. Und der bleibt irgendwann am Ufer hängen; er verfängt sich vielleicht in einer nahrhaften Algen- oder Bakterienmatte; bleibt vielleicht an einem Felsen haften oder einem urzeitlichen Riff. Jedenfalls hat sich für den Zellverband – so die gängigste Theorie – die Situation nun entscheidend verändert: Die eine Schicht seiner Körperzellen ist nach wie vor dem Wasser zugewandt. Die andere aber dem Boden.

Die Zellen des Haufens, die auf dem Untergrund aufliegen, entwickeln sich nun anders als jene, die dem Wasser zugekehrt sind. Mit der Zeit modifizieren sie sich durch Mutation und Selektion, die unteren werden beispielsweise zu Fress- oder Bewegungszellen.

Und da sich die Zellen im Laufe der Jahrmillionen immer weiter differenzieren und sich die einzelnen Einheiten nun die Arbeit aufteilen, wird aus dieser Ansammlung von Zellen – genau wie im Pflanzenreich – ein echter, komplex gebauter Vielzeller: das Urtier.

Dieser Urahn der Tiere ist ein winziger Organismus aus wohl ein paar Hundert Zellen. Zoologen gehen davon aus, dass es sich um ein Scheibentier handelt: ein flaches, weiches Geschöpf, das über den Boden kriecht. Sein Name: *Trichoplax adhaerens* („anhaftende, haarige Platte"). Trichoplax besteht zu Anfang wohl lediglich aus fünf Zelltypen (der

Mensch besteht aus etwa 100 Billionen Zellen, verteilt auf mehr als 200 Zelltypen).

Zum Fressen kriecht Trichoplax über eine Alge oder schleimigen Bodensatz und macht gleichsam einen Buckel, wobei die Fresszellen an der Unterseite ein Enzym absondern, das die Nahrung zersetzt. So kann sie durch die Zellmembran aufgenommen werden. Außerdem verfügt das Scheibentier über eine Art Proto-Stammzelle, aus der sich alle anderen Zellen entwickeln können. Und so kommt es früher oder später wohl auch bei den Scheibenwesen (wie schon bei den Algen) zu jener Zusammenkunft, die ihre Evolution entscheidend vorantreiben wird: Sie haben vermutlich als erste Tiere Sex.

Aus den Proto-Stammzellen entwickeln sich männliche und weibliche Keimzellen. Und sobald ein Spermium mit einer Eizelle verschmilzt, entsteht – wie bei den Algen – ein von Individuum zu Individuum unterschiedlicher Mix aus mütterlichen und väterlichen Anlagen. Abermals wird das Erbgut mit jeder neuen Generation zum Spielball der Evolution.

Damit ist das Leben endgültig an einem Wendepunkt angelangt: Neben dem Pflanzenreich beginnt auch das Tierreich sich aufzufächern. Dank der sexuellen Vermehrung formen sich immer neue genetische Varianten; entstehen nie da gewesene Geschöpfe, die sich an immer unterschiedlichere Lebensräume und -bedingungen anzupassen vermögen.

Manche werden ihre weiche Gestalt behalten, sich zu schwamm- und gallertartigen Wesen weiterentwickeln. Andere legen sich mit der Zeit feste Panzer zu und kriechen über den Meeresboden. Wieder andere entwickeln ein inneres Gerüst, das ihren Körper stabilisiert, während sie durchs Wasser gleiten.

Doch nun, da das Leben kurz davor steht, sich in eine Fülle immer komplexerer Lebensformen aufzugliedern, droht die Vielfalt zu verschwinden. Denn vor gut 700 Millionen Jahren führt ein Klimawandel dazu, dass fast die gesamte Erde einfriert und als frostige Schneekugel durchs All fliegt (siehe Seite 72).

Nach der Geburt der ersten Pflanzen und Tiere steht das Leben auf unserem Planeten damit erneut vor einer gewaltigen Herausforderung ●

Fachliche Beratung: **PROF. ARMIN HALLMANN**, Universität Bielefeld.

IMPRESSUM

Gruner + Jahr GmbH, Am Baumwall 11, 20459 Hamburg. Postanschrift der Redaktion: Brieffach 24, 20444 Hamburg. Telefon: 040/37 03-0, Fax: 040/37 03 56 47
Internet: www.GEOkompakt.de

CHEFREDAKTEUR
Michael Schaper

STELLVERTRETENDE CHEFREDAKTEURE
Rainer Harf, Claus Peter Simon

ART DIRECTION
Torsten Laaker

TEXTREDAKTION
Sebastian Witte (Heftkonzept); Tilman Botzenhardt, Maria Kirady, Bertram Weiß

BILDREDAKTION
Ulrike Jürgens (Leitung), Carolin Küst, Carla Rosorius, Katrin Trautner

VERIFIKATION
Regina Franke; Dr. Götz Froeschke, Susanne Gilges, Stefan Sedlmair, Bettina Süssemilch

LAYOUT
Lena Uphoff

CHEF VOM DIENST / SCHLUSSREDAKTION
Ralf Schulte, Mitarbeit: Antje Poeschmann

TECHNISCHER CHEF VOM DIENST
Rainer Droste

REDAKTIONSASSISTENZ
Ümmük Arslan, Anastasia Mattern, Thomas Rost

HONORARE/SPESEN
Angelika Györffy, Andreas Koseck

GESCHÄFTSFÜHRENDE REDAKTEURIN
Maike Köhler

VERANTWORTLICH FÜR DEN REDAKTIONELLEN INHALT
Michael Schaper

PUBLISHER
Dr. Gerd Brüne, Florian Gless

EXECUTIVE DIRECTOR DIRECT SALES
Heiko Hager/G+J Media Sales

VERANTWORTLICH FÜR DEN ANZEIGENTEIL
Daniela Krebs, Director Brand Solutions, G+J e|MS, Am Baumwall 11, 20459 Hamburg. Es gilt die jeweils aktuelle Preisliste. Infos hierzu: www.gujmedia.de

SALES DIRECTOR
Franziska Bauske, DPV Deutscher Pressevertrieb

MARKETING
Pascale Victoir

HERSTELLUNG
G+J Herstellung, Heiko Belitz (Ltg.), Oliver Fehling

Bankverbindung: Deutsche Bank AG Hamburg, IBAN: DE30200700000032280000, BIC: DEUTDEHH
Heft-Preis: 10 Euro (mit DVD: 16,50 Euro)
ISBN 978-3-652-00748-1 (978-3-652-00752-8)
© 2018 Gruner + Jahr Hamburg, ISSN 1614-6913
Litho: 4mat Media, Hamburg
Druck: appl druck GmbH, Senefelderstraße 3–11, 86650 Wemding
Printed in Germany

GEO-LESERSERVICE

FRAGEN AN DIE REDAKTION
Tel.: 040/37 03 20 84, Fax: 040/37 03 56 48,
E-Mail: briefe@geokompakt.de

ABONNEMENT- UND EINZELHEFTBESTELLUNG
Anschrift: GEO-Kundenservice, 20080 Hamburg
E-Mail: kundenservice@dpv.de
Tel.: 0049/40/55 55 89 90, Fax: 0049/40/55 55 78 03,
pers. erreichbar: Mo–Fr 7.30–20 Uhr, Sa 9–14 Uhr
24-Std.-Online-Kundenservice: www.geo.de/kundenservice
Preis Jahresabonnement: 40,00 € (D)/46,00 € (A)/70,40 sfr (CH)
Preise für weitere Länder auf Anfrage erhältlich.

BESTELLADRESSE FÜR GEO-BÜCHER, GEO-KALENDER, SCHUBER ETC.
GEOkompakt-Kundenservice, 74569 Blaufelden,
Tel.: 0049/40/42236427, Fax: 0049/40/42236663,
E-Mail: guj@sigloch.de

BILDNACHWEIS

Anordnung im Layout: l. = links, r. = rechts, o. = oben, m. = Mitte, u. = unten

TITEL
Jochen Stuhrmann für GEOkompakt; Alex Hyde/nature.pl: l.; Rainer Harf für GEOkompakt: m.; J.W.Alker/imageBROKER/ OKAPIA: r.

EDITORIAL
Benne Ochs für GEOkompakt: 3 o.; Rainer Harf für GEOkompakt: m.

INHALT
siehe entsprechende Seiten

DIE MACHER
J. Götz/Museum für Naturkunde: 7 l. m.; Stephan Pflug: 7 m. o.; Tim Wehrmann für GEOkompakt: 7 r. m.; Rainer Harf für GEOkompakt u. l.; Gisela Franzke: 7 u. r.

WIE AUS EINER WOLKE UNSER BLAUER PLANET WURDE
Tim Wehrmann für GEOkompakt: 8–10, 16–25; Jochen Stuhrmann für GEOkompakt 12–15.

DIE GEBURT DES LEBENS
MARUM – Zentrum für Marine Umweltwissenschaften/Universität Bremen: 28/29; Tim Wehrmann für GEOkompakt: 31–35; Lost City Science Party/NOAA/Lost City 2005 Expedition: 36; Henning Dahlhoff/Science Photo Library: 37; CSSF ROPOS.COM: 38.

DER RETTENDE SCHILD
Henning Dahlhoff/Science Photo Library: 40/41; Rainer Harf für GEOkompakt: 42; Orsolya Haarberg/www.nature.pl: 43; Gary A. Glatzmeyer/University of California: 44

DAS SICH WANDELNDE GESICHT DER ERDE
Tim Wehrmann für GEOkompakt: 46–50, 52/53; Jochen Stuhrmann für GEOkompakt: 51; Rene Mattes/hemis.fr/laif: 54 o. l.; Ed Rhodes/Loop Images/laif: 54 o. m.; Dirk Wiersma/Science Photo Library: 54 o. r.; Niall Benvie/nature.pl: 54 l. m.; John Shaw/Science Photo Library: 54 m.; Adam Burton/nature.pl: 54 m. r.; Wild Wonders of Europe/Hermans/nature.pl: 54 u. l.; G. Brad Lewis/Science Photo Library: 54 u. m.; Mauritius Images: 54 u. r.

DIE ENTDECKUNG DES LICHTS
Jiri Lochman/nature.pl: 58/59; Frans Lanting/dpa Picture-Alliance: 60; Rainer Harf für GEOkompakt: 61; NICOLAS ASFOURI/Gettyimages: 62; Carolina Biological Supply Co./VISUALS UNLIMITED/Science Photo Library: 63.

AUF DEM WEG ZUR VIELFALT
Alex Hyde/nature.pl: 64/65; F. Fox/Blickwinkel: 66; Rainer Harf für GEOkompakt 67+69; G. Guenther/Blickwinkel: 68; nature.pl: 70 o.; Power and Syred/Science Photo 70 u.

SCHNEEBALL ERDE
Tim Wehrmann für GEOkompakt: 72/73, 75/76; Rainer Harf für GEOkompakt 74.

REVOLUTION IM OZEAN
Rainer Harf für GEOkompakt: 78–93

WIE DAS LEBEN AN LAND KAM
Claus Lunau/Science Photo Library 94/95; Mauritius Images/Corbin17/Alamy: 95; Alain Bénéteau 2018/www.paleospot.com: 96 o; Wolfgang Kaehler/Gettyimages: 96 u.; Anne Ryan, zrIMAGES/Polaris/laif: 97 o.; Julius Csotonyi: 97 u.; John Sibbick/Science Photo Library: 98 o; mauritius images/Science Source: 98 u.; Austin J. Stevens/www.agefotostock.com: 99 o.; akg/Walter Myers/Stocktrek Images: 99 u.; Matteo de Stafano/Muse/Wikimedia Commons: 99

DIE HERRSCHER DER URZEIT
Juan Carlos Munoz/nature.pl: 104/105; Visuals Unlimited/nature.pl: 106; Leonello Calvetti/Science Photo Library: 107/108, 112 o. l., o. r.; Leah Bignell/Axiom/Flonline: 109; akg/Sergey Krasovskiy/Stocktrek Images: 110, 112 u. r.; Natural History Museum, London/Science Photo Library: 111, 113; akg/Corey Ford/Stocktrek Images: 112 m. l.; photosvac/stock.adobe.com: 112 m. r.; Science Photo Library/MARK P. WITTON: 112 u. l.

AUS DER TIEFE DER ZEIT
Ulla Lohmann 114/115, 126/127, imago/ZUMA Press 116/117; Robbie Shone 118/119; Baptiste Fenoul/REA/laif: 120/121; Sim Chi Yin/VII/Redux/laif: 124/125; Salvatore Vinci/13 Photo: 128/129

SIEGENSZUG DER SÄUGER
BBC 2001 »Walking With Beasts«: 130–141

ZEUGEN AUS DER URZEIT
action press: 142/143; Adrian Davies/nature.pl: 144 o.; Lookphotos: 144 u.; J. W. Alker/imageBROKER/OKAPIA: 145; mauritius images/Minden Pictures/Piotr Naskrecki: 146/147; Floris van Breugel/nature.pl/mauritius images: 147; Paulo de Oliveira/OKAPIA: 148 o.; imago stock: 148/149 u.; Ernie Janes/nature.pl: 149 o.; Jouan Rius/nature.pl: 150 o.; David Fleetham/nature.pl: 150 u.; Getty Images: 151

DIE GESCHICHTE DER ERDE
Jochen Stuhrmann für GEOkompakt: 152

Die Erde im Kälteschlaf: Aus dem All betrachtet, zeigt sich, wie gewaltige Eispanzer vor mehr als 700 Millionen Jahren den Planeten bedecken. Vor dem Frost scheint kaum ein Organismus wirklich sicher

SCHNEEBALL ERDE

Immer wieder lassen **dramatische Eiszeiten** die Erde für Jahrmillionen erkalten. In einer der unwirtlichsten Perioden, die vor rund 720 Millionen Jahren beginnt, **vereist der Planet womöglich sogar vollständig** und zieht als gleißende Frostkugel durchs All. Erst eine gewaltige Kraft aus dem Erdinneren führt zur erneuten Erwärmung – und schafft **Nischen für neue Lebensformen**

TEXT:
DOMINIK BARDOW

ILLUSTRATIONEN:
TIM WEHRMANN
exklusiv für GEOkompakt

Vor 750 Millionen Jahren sieht die Erde in mancher Hinsicht so aus wie heute: eine blaue Kugel, zu großen Teilen bedeckt von einem Ozean, dazwischen Festland.

Allerdings sind die Pole eisfrei, zudem ist ein gewaltiger Superkontinent, der sich vom Äquator bis in die mittleren Breiten ausdehnt und der alle zukünftigen Kontinente in sich vereint, gerade dabei auseinanderzubrechen. Noch ist alles Land nichts als eine gigantische Steinwüste.

Und doch finden sich hier und da bereits Spuren von Leben. Grünlicher Schleim, bestehend aus zahllosen mikroskopisch kleinen Einzellern, die Sonnenlicht in Lebensenergie umzuwandeln vermögen, zieht sich über die Steine an Flüssen, Seen und Meeresküsten – also überall dort, wo Leben spendendes Wasser existiert. Auch haben sich im Ozean bereits die ersten einfachen Vielzeller entwickelt (siehe Seite 60).

Es ist, als stünde das Leben kurz davor, den Planeten in ein zunehmend vielschichtiges Biotop zu verwandeln.

Doch da, an der Schwelle womöglich zu einem nie da gewesenen Aufschwung der Natur, scheint die vielversprechende Geschichte des Lebens bedroht.

Denn vor etwa 720 Millionen Jahren wird es plötzlich sehr kalt auf der Erde.

Bis dahin war der Planet ein eher warmer Ort mit einer globalen Durchschnittstemperatur von zehn bis 20 Grad Celsius. Nun aber sinkt die Temperatur binnen weniger Tausend Jahre – für erdgeschichtliche Verhältnisse geradezu schlagartig – auf den Gefrierpunkt oder knapp darunter.

Statt Regen geht nur noch Schnee nieder, der nun nicht mehr abtaut. Er verfestigt sich allerorten und türmt sich zu immer mächtigeren Eisgebirgen auf. Schon bald liegen kilometerhohe Gletscher auf den Bruchstücken des Superkontinents. Stürme tosen durch weiße Wüsten, die lebensfeindlich sind und leer.

Auch der Urozean friert zunehmend zu. Erstmals seit anderthalb Milliarden Jahren sind Nord- und Südpol wieder von Eisschilden bedeckt. Schließlich erreicht die frostige Kälte sogar den Äquator.

Der einst blaue Planet ist unter einem Eispanzer gefangen und für Millionen Jahre eine weiße Schneekugel.

Vor der Kälte ist kaum ein Organismus wirklich sicher – und so steht das Leben vor einer immensen Herausforderung.

Auf die Spuren dieser Extrem-Eiszeit stießen Forscher unter anderem, als sie in etlichen Regionen der Erde Geröllblöcke oder Steine entdeckten, die irgendwann einmal von Gletschern mitgerissen worden und später beim Abschmelzen des Eises in die feinkörnigen Sedimente eines See- oder Meeresbodens eingesunken waren. Dort wurden sie im Laufe der Zeit teils von neuen Sedimenten überdeckt – und gelangten schließlich etwa bei der Bildung von Gebirgen wieder an die Oberfläche.

Solche und andere Relikte, deren Alter auf eine massive Vereisung der Erde vor rund 720 Millionen Jahren schließen lassen, finden sich zum Beispiel auf Spitzbergen und Grönland, doch Geologen entdeckten sie auch in heißen Wüsten und trockenen Einöden in Namibia, im Oman oder im Süden Australiens – Belege dafür, dass diese Regionen damals vergletschert gewesen sein müssen.

Dem US-Geophysiker Joseph Kirschvink gelang es schließlich, mithilfe von magnetischen Messungen nachzuweisen, dass solche „glazigenen" (also von Eis erschaffenen) Gesteine tatsächlich in der Nähe des Äquators entstanden waren.

Inzwischen gehen die Experten gar von mehreren Super-Eiszeiten aus; zur frühesten ist es vermutlich vor 2,9 Milliarden Jahren gekommen, zur jüngsten vor ungefähr 635 Millionen Jahren.

Keine aber war wohl so gewaltig wie jene, die vor etwa 720 Millionen Jahren einsetzte und fünf bis zehn Millionen Jahre andauerte. Wie genau es aber zu der dramatischen Klimaveränderung kommen konnte, welche Ausmaße die Vereisung letztlich annahm und was bewirkte, dass die Erde wieder auftaute, ist nach wie vor nicht abschließend geklärt.

So viel steht aber fest: Ein Faktor war jenes Gas, das die Erde eigentlich zu ei-

Chronologie

Stadien der Vereisung

Innerhalb weniger Jahrmillionen vereist fast der gesamte Planet – und taut dann wieder auf

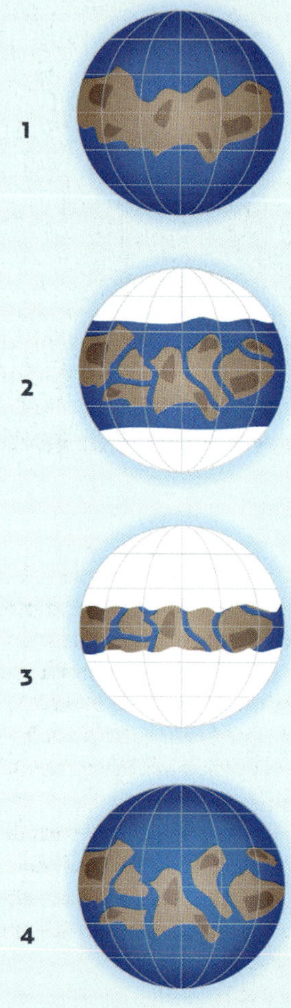

Vor mehr als 750 Millionen Jahren ist die Erde geprägt von einem Superkontinent, die Pole sind eisfrei (1). Als der Kontinent auseinanderbricht (2), entziehen Verwitterungsprozesse der Atmosphäre Unmengen des Treibhausgases CO_2. Dadurch kühlt die Erde zunehmend ab, Eisflächen bilden sich. Vor rund 720 Millionen Jahren ist beinahe der gesamte Planet vereist (3). Doch dann brechen Vulkane aus, speien viel CO_2 in die Luft, die Erde wird wärmer: Das Eis verschwindet (4).

Je weiter sich die Gletschermassen ausbreiten, desto mehr Sonnenlicht wirft der Planet zurück ins All. In der Folge kühlt die Erde noch weiter ab

nem vergleichsweise warmen, lebensfreundlichen Ort macht: Kohlendioxid. In der Atmosphäre bewirkt es, dass ein Teil der Energie, die mit der einfallenden Sonnenstrahlung die Erdoberfläche erreicht, nicht wieder ins All zurückgeworfen wird, sondern als Wärme im Klimasystem der Erde verbleibt.

Vieles deutet darauf hin, dass der Atmosphäre damals das Kohlendioxid quasi ausging. Verantwortlich dafür könnte das Auseinanderbrechen des Riesenkontinents gewesen sein, sowie die Lage der meisten Landmassen am Äquator.

Der Grund: Ist Gestein Wasser und Luft ausgesetzt, kommt es zu chemischen Prozessen, die sehr viel CO_2 binden. Von dieser Verwitterung waren durch die Risse, die sich in dem Superkontinent auftaten, große Mengen Fels betroffen. Und unter tropischen Bedingungen läuft der Prozess besonders rasch ab. So wurde der Erdatmosphäre allmählich überdurchschnittlich viel Kohlendioxid entzogen. Die Folge: Das Klima kühlte sich dramatisch ab.

Das Klima-Chaos erweist sich als Katalysator für das Leben

Anfangs vereisten nur die Pole, doch als sich die Eismassen in Richtung Äquator vorschoben, kam es zu einem sich selbst verstärkenden Prozess.

Denn je mehr weiße Eisflächen das Antlitz der Erde prägten, desto mehr wärmende Sonnenstrahlung warf der Planet ins All zurück. Modellrechnungen zeigen: Überschreitet eine von den Polen ausgehende Vereisung einen bestimmten Breitenkreis – ungefähr im Bereich von 30 Grad nördlicher und südlicher Breite –, ist sie nicht mehr aufzuhalten.

Dann können die verbliebenen eisfreien Landmassen und Meere nur noch so wenig Sonnenenergie aufnehmen, dass die Erde zwangsläufig weiter und weiter abkühlt.

Wie aber taute der Planet anschließend wieder auf?

Geowissenschaftler gehen davon aus, dass der Auslöser dafür aus dem Erdinneren stammte. Auch unter dem Eispanzer waren die Platten der Erdhülle, auf denen die Ozeanböden und Landmassen liegen, ständig in Bewegung (siehe Seite 46).

Sie drifteten umher, rieben aneinander, krachten zusammen und schoben sich über- und untereinander. An solchen Stellen bildeten sich Vulkane, die neben heißer Asche und Lava viel CO_2 und Methan (ein weiteres Treibhausgas) ausspien.

Die frei werdenden Treibhausgase sammelten sich über die Jahrmillionen wieder in der Atmosphäre, dichter und dichter, bis das Klima irgendwann ins gegenteilige Extrem umschlug: Die Wärme konnte nicht mehr entweichen.

E

Erneut stand der Planet vor einer dramatischen Klimawende: Innerhalb kurzer Zeit – vielleicht sogar nur einiger Hundert Jahre – kam es zu einem Temperaturanstieg auf bis zu plus 50 Grad Celsius in den Tropen. Der weiße Panzer bekam Risse, zunächst auf den Meeren am Äquator, dann an Land, schließlich auch an den Polen. Überall schmolz das Eis, riesige Wassermassen gelangten in den Ozean – der Meeresspiegel stieg möglicherweise um mehr als 1000 Meter an.

In der nun sengenden Hitze verdunsteten schier unvorstellbare Mengen Was-

Bedrohtes Leben: Angesichts der verheerenden Kälte, die auch die Ozeane erfasst, stirbt ein Großteil der damals existierenden Organismen aus

ser, es bildeten sich Wolken, aus denen endlose Regengüsse herabgingen, gesäuert vom vielen Kohlendioxid in der Luft.

Der Regen landete auf Steinen und reagierte chemisch mit ihnen, das CO_2 wurde so allmählich wieder gebunden. Gewaltige Stürme müssen zu dieser Zeit getobt haben, mächtige Meeresströmungen versetzten den Planeten in Aufruhr – bis sich das Klima irgendwann wieder beruhigte.

Kaum verwunderlich, dass das frühe Leben angesichts der verheerenden Umwälzungen in Bedrängnis geriet. Und tatsächlich starb der größte Teil der Organismen damals aus. Einige Lebewesen müssen das Drama dennoch überstanden haben. Denn es ist höchst unwahrscheinlich, dass sich nach dem drastischen Klimawandel, quasi aus dem Nichts, noch einmal vergleichbare Wesen wie zuvor entwickelten – Mikroben etwa oder auch einfache Mehrzeller.

Viele Wissenschaftler vermuten daher, die Erde sei nie ganz zugefroren gewesen. Am Äquator habe der weiße Planet immer noch einen blauen Gürtel aus freien Wasserflächen bewahrt.

Ebenso vorstellbar, dass das Eis in Äquatornähe nur einige Meter dick war, sodass Photosynthese betreibende Lebewesen darunter noch Sonnenlicht für ihren Stoffwechsel einzufangen vermochten. Auch an heißen Quellen in der Tiefsee könnten einige Organismen eine Nische zum Überleben gefunden haben.

Klar ist: Nach der Katastrophe blühte das Leben wie nie zuvor auf. Während zuvor simple einzellige Mikroben annähernd 3,5 Milliarden Jahre den Planeten beherrscht hatten, tauchten nun komplexe Lebensformen auf, hoch entwickelte Kreaturen, die Schalen oder Skelette hatten, die krochen, schwammen, gruben, immer größer wuchsen (siehe Seite 28).

AUF EINEN BLICK

Klima-Drama

Infolge gewaltiger Erosionsprozesse gerät das Klima der Erde vor rund 720 Millionen Jahren aus den Fugen: Der Planet friert ein.

Treibhauseffekt

Vulkane brennen sich als Glutpunkte durch das kilometerdicke Eis, blasen Asche und Gase in die Luft, wodurch die Erde nach Millionen Jahren wieder auftaut.

Fruchtbare Periode

Als das Eis schmilzt, gelangen Unmengen an Nährstoffen in den Ozean. Dies ermöglicht die Entwicklung neuer Arten.

Vielleicht hat dieses frostige Drama dem Leben erst den nötigen Entwicklungsschub verliehen. Einer Theorie zufolge dominierten im Urozean vor der Klimaveränderung die einfachen einzelligen Mikroben vor allem deshalb, weil im Wasser kaum Nährstoffe gelöst waren. Auch Uralgen und erste Mehrzeller mussten sich lange Zeit mit kleinen Nischen begnügen.

Mit der Vereisung aber änderte sich alles: Die riesigen Gletscher zerrieben Unmengen von Gestein zu feinen Partikeln, und als das Eis abtaute, fluteten das Schmelzwasser und die darin enthaltenen Nährstoffe die Ozeane – mit der Folge, dass sich die Algen schlagartig vermehren und ausbreiten konnten.

Das veränderte die Chemie des Wassers dauerhaft; mehr Sauerstoff und Phosphat waren in den Meeren gelöst. Die nun reichlich vorhandene Nahrung ermöglichte vermutlich erst die weitere Entwicklung der mehrzelligen Tiere.

Nach dieser These war die Vereisung also ein regelrechter Katalysator für das Leben. Die zwischenzeitlich weiße Erde war wieder zu einem blauen Planeten geworden.

Zu einem Ort, an dem die Natur zu nie geahnter Blüte erwachen konnte •

DOMINIK BARDOW, Jg. 1982, ist Autor in Lissabon. Fachliche Beratung: **PROF. MARTIN MESCHEDE**, Universität Greifswald.

EVOLUTION OZEAN

RK LIESEMER UND RAINER HARF

ILLUSTRATIONEN: RAINER HARF

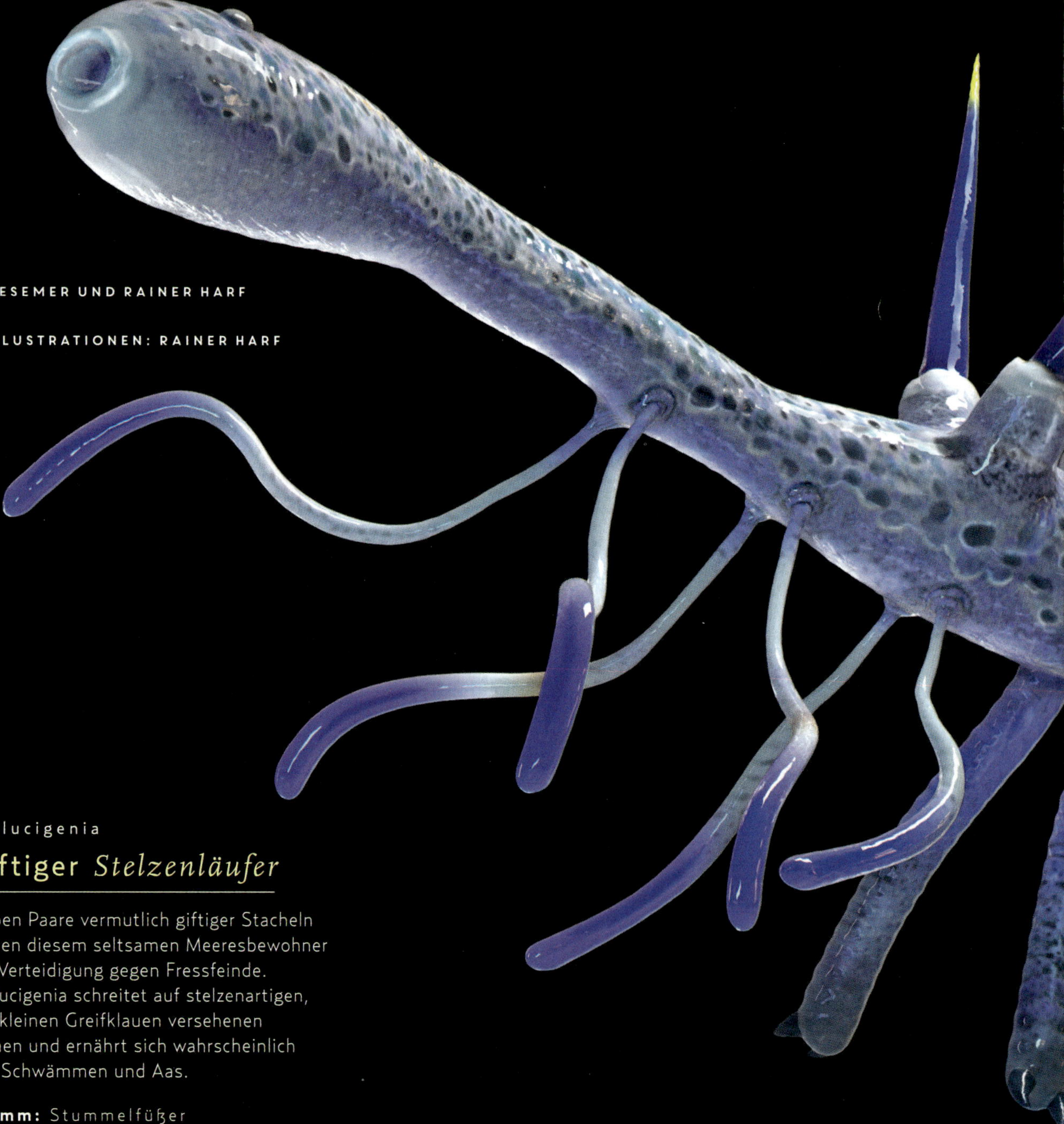

Hallucigenia

Giftiger *Stelzenläufer*

Sieben Paare vermutlich giftiger Stacheln dienen diesem seltsamen Meeresbewohner zur Verteidigung gegen Fressfeinde. Hallucigenia schreitet auf stelzenartigen, mit kleinen Greifklauen versehenen Beinen und ernährt sich wahrscheinlich von Schwämmen und Aas.

Stamm: Stummelfüßer

Jahrmilliardenlang bevölkern nur einfach gebaute Wesen die Meere, doch dann entstehen vor rund 540 Millionen Jahren fast wie aus dem Nichts Tiere mit überaus raffinierten Körpern: skurrile Kreaturen mit Stacheln, Antennen, Klauen, Greifrüsseln. Befeuert wird diese Entwicklung auch dadurch, dass sich die Fauna erstmals in zwei Lager teilt: in Jäger und Gejagte

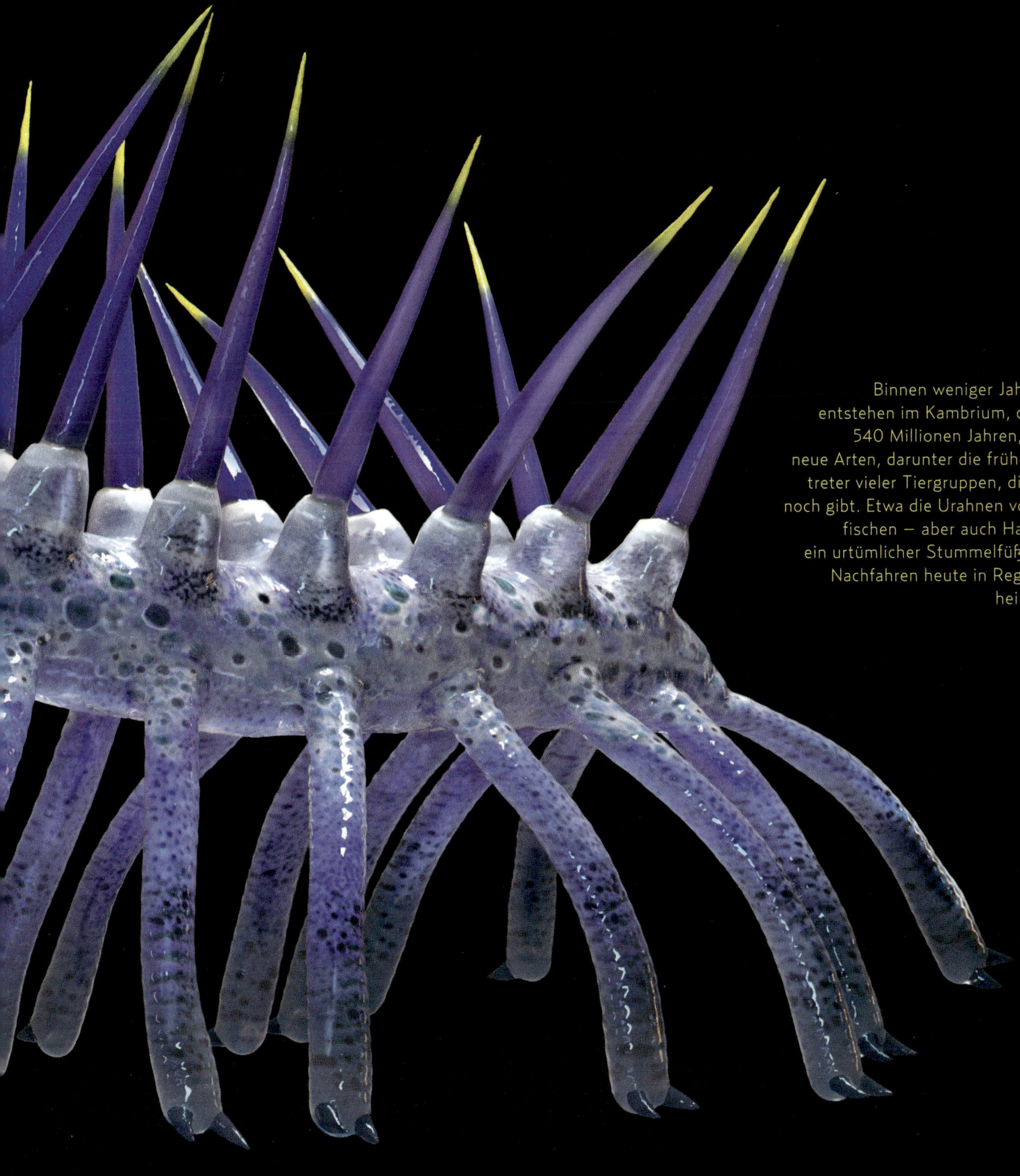

Binnen weniger Jahrmillionen entstehen im Kambrium, der Ära vor 540 Millionen Jahren, Dutzende neue Arten, darunter die frühesten Vertreter vieler Tiergruppen, die es heute noch gibt. Etwa die Urahnen von Tintenfischen – aber auch Hallucigenia, ein urtümlicher Stummelfüßer, dessen Nachfahren heute in Regenwäldern heimisch sind

Herpetogaster

Krone aus *Tentakeln*

Mit seinem verlängerten Fuß heftet sich Herpetogaster an Felsen. Die fein verästelten Auswüchse um den Mundbereich helfen, kleinste Nahrungspartikel aus dem Wasser zu filtern. Das Tier ist wohl mit heutigen Seegurken verwandt.

Stamm: Ambulacraria
Größe: 4,8 cm

Anomalocaris

Räuber des Ozeans

Bewehrt mit mächtigen stachelbesetzten Klauen, ist Anomalocaris der größte Jäger jener Zeit und ein wendiger Schwimmer: Auf seinen Beutezügen ergreift das urtümliche Krustentier kleinere Gliederfüßer.

Stamm: Gliederfüßer
Größe: 100 cm

Ottoia

Auf der *Lauer*

Wahrscheinlich lebt dieser mit feinen Haken besetzte Wurm in selbst gegrabenen Gängen. Nähern sich achtlos Beutetiere, schnappt der Räuber mit seinem ausstülpbaren Maul (o. r.) nach ihnen.

Stamm: Priapswürmer
Größe: 15 cm

Isoxys

Jäger mit *Panzer*

Von einem schützenden Ganzkörperschild umhüllt, schwimmt dieses archaische Krustentier durch den Ozean. Zwei große Augen lassen Isoxys die Umgebung wahrnehmen, die dornigen Klauen eignen sich perfekt dazu, Nahrung zu ergreifen.

Stamm: Gliederfüßer
Größe: 4 cm

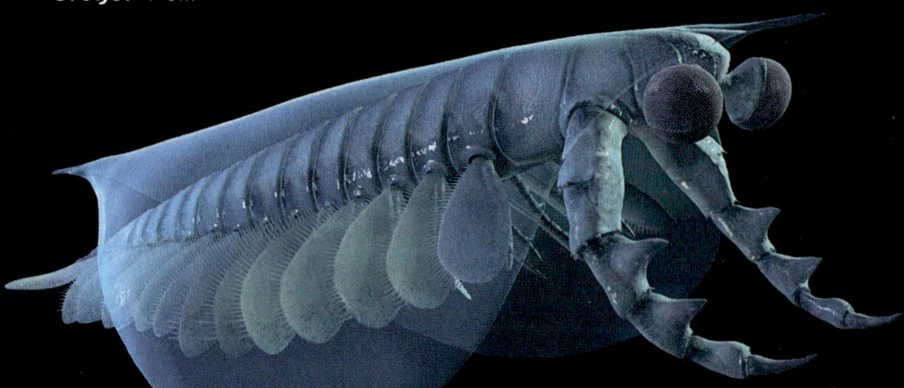

Orthrozanclus

Wehrhaftes Weichtier

Die auffallend langen Stacheln dieses Schnecken-Vorfahren halten vermutlich Räuber ab. Mit seiner Kriechsohle gleitet der Vegetarier über den Grund und weidet nahrhafte Algen ab.

Stamm: Weichtiere
Größe: 1 cm

Marella

Fresser der *Toten*

Ungemein fremdartig mutet dieses Krebstier an, das sich von abgestorbenen Überresten anderer Tiere ernährt. Mit den federartigen Kiemenfäden auf der Rückenseite atmet Marella vornehmlich, die langen Antennen sind sensible Tastorgane.

Stamm: Gliederfüßer
Größe: 2,5 cm

Nectocaris

Kambrischer *Kopffüßer*

Dieser mit den Kalmaren verwandte Jäger ist ein schneller Schwimmer, der mit den übergroß wirkenden Linsen-augen ausgezeichnet sehen kann. Erspäht der Kopffüßer Beute, versucht er, diese mit seinen saugnapfbewehrten Fangarmen zu ergreifen.

Stamm: Weichtiere
Größe: 7 cm

Banffia

Im *Schlamm* zu Hause

Mit ihrem ovalen Maul schluckt die an eine Kaulquappe erinnernde Banffia vermutlich Schlamm, um so an organische Nahrungspartikel zu gelangen. Die Tiergruppe, zu der dieses Wesen gehört, ist offenbar schon früh wieder ausgestorben.

Stamm: Vetulicolia
Größe: 10,5 cm

Opabinia

Das *Fünfauge*

Kein heutiges Tier ähnelt diesem skurrilen Gliederfüßer mit seinen fünf Komplexaugen und dem hoch flexiblen Rüssel. Mit der gezähnten Klaue vorn schnappt der Räuber wohl nach Weichtieren, die er sich anschließend in das auf der Bauchseite liegende Maul stopft.

Stamm: Gliederfüßer
Größe: 10 cm

Pikaia

Einer *von uns?*

Sich schlängelnd schnellt dieser Aasfresser durchs Meer. Im Inneren des aalähnlichen Körpers streckt sich ein stützender Stab aus Bindegewebe: ein Vorläufer der Wirbelsäule. Damit ist Pikaia womöglich – so vermuten Forscher – ein ganz früher Urahn der Spezies Mensch.

Stamm: Chordatiere
Größe: 5,5 cm

Kerygmachela

Monster des Meeres

Dieser bizarre Räuber durchbohrt seine Beutetiere wohl mit den nadelspitzen Fortsätzen, die seine mächtigen Klauen säumen. Kerygmachela ist wahrscheinlich mit Anomalocaris verwandt.

Stamm: Gliederfüßer
Größe: 17,5 cm

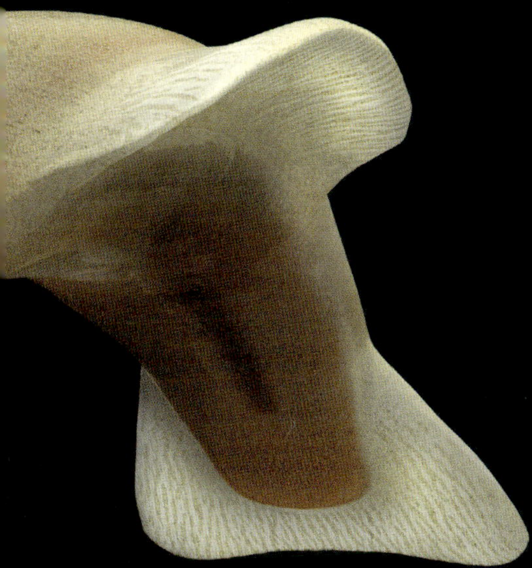

Amiskwia

Agiler Schwimmer

Mit seitlichem Flossensaum und einem paddelförmigen Schwanz vermag Amiskwia, deren Überreste sich nur vereinzelt erhalten haben, vermutlich hervorragend zu schwimmen. Die beiden Tentakel vorn am Kopf sind wohl Tastorgane.

Stamm: vermutlich Pfeilwürmer
Größe: 2,5 cm

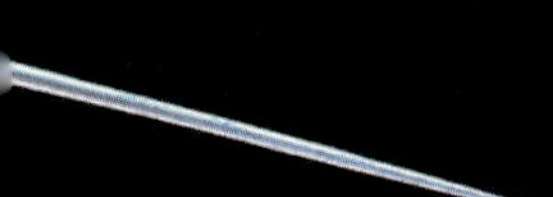

Chancelloria

Unterwasser-*Kaktus*

Durch die obere Öffnung strudelt die über und über mit Stacheln besetzte Chancelloria Wasser ins Innere ihres hohlen Körpers. Aus der Flüssigkeit filtert das am Grund festsitzende Tier unter anderem Plankton.

Stamm: vermutlich Schwämme
Größe: 20 cm

Haplophrentis

Mit Deckel und *Hörnern*

Das in einem Kalkgehäuse mit verschließbarem Deckel lebende Tier frisst vorbeiströmende Nahrungspartikel. Durch Rotation der hornartigen Auswüchse vermag Haplophrentis wohl seinen Leib über den Meeresgrund zu schleifen.

Stamm: Lophophorata
Größe: 4 cm

D

Die noch vor etwa 550 Millionen Jahren im Ozean lebenden Tiere sehen ziemlich eintönig aus, geradezu farblos. Im Wasser lassen sich glasige quallenähnliche Wesen von der Strömung treiben. Am Meeresgrund wiegen einfache Tiere mit wedelförmigen Körper hin und her, die an heutige Seefedern erinnern. Und in winzigen Gängen hausen Urwürmer, die gelegentlich durch den Schlamm kriechen.

Über Jahrmillionen wandeln sich diese Arten kaum. Doch das ändert sich vor gut 540 Millionen Jahren dramatisch. Vermutlich brechen in jener Zeit immer mehr Vulkane und Thermalquellen aus dem Meeresboden und speien Unmengen gelöster Minerale ins Wasser. Zugleich wäscht Regen verwitternde Gesteine aus, massenhaft werden Kalzium und Phosphat ins Meer gespült.

Vermutlich sind die Ozeane schließlich dermaßen mit Mineralen überdüngt, dass alles Leben vergiftet zu werden droht.

Doch die vermeintliche Krise erweist sich als Glücksfall: Denn manche Lebewesen beginnen die Minerale in ihren Zellen zu sammeln – und scheiden dann stark kalziumhaltige Substanzen aus, die sie an der Außenseite ihrer Körper in Form harter Schichten anlagern.

Diese Panzer sind die frühesten, wenn auch noch primitiven Skelette. Erstmals in der Erdgeschichte vermögen Lebewesen harte Substanzen herzustellen.

Olenoides

Rüstung aus *Chitin*

Den segmentierten Körper dieses Trilobiten – einer Tiergruppe, die vor 540 Millionen Jahren in recht kurzer Zeit rund 15 000 Arten hervorbringt – schützt ein Panzer aus Chitin. Wittert Olenoides mit seinen empfindlichen Antennen Gefahr, rollt er sich vermutlich zu einer Kugel zusammen.

Stamm: Gliederfüßer
Größe: 9 cm

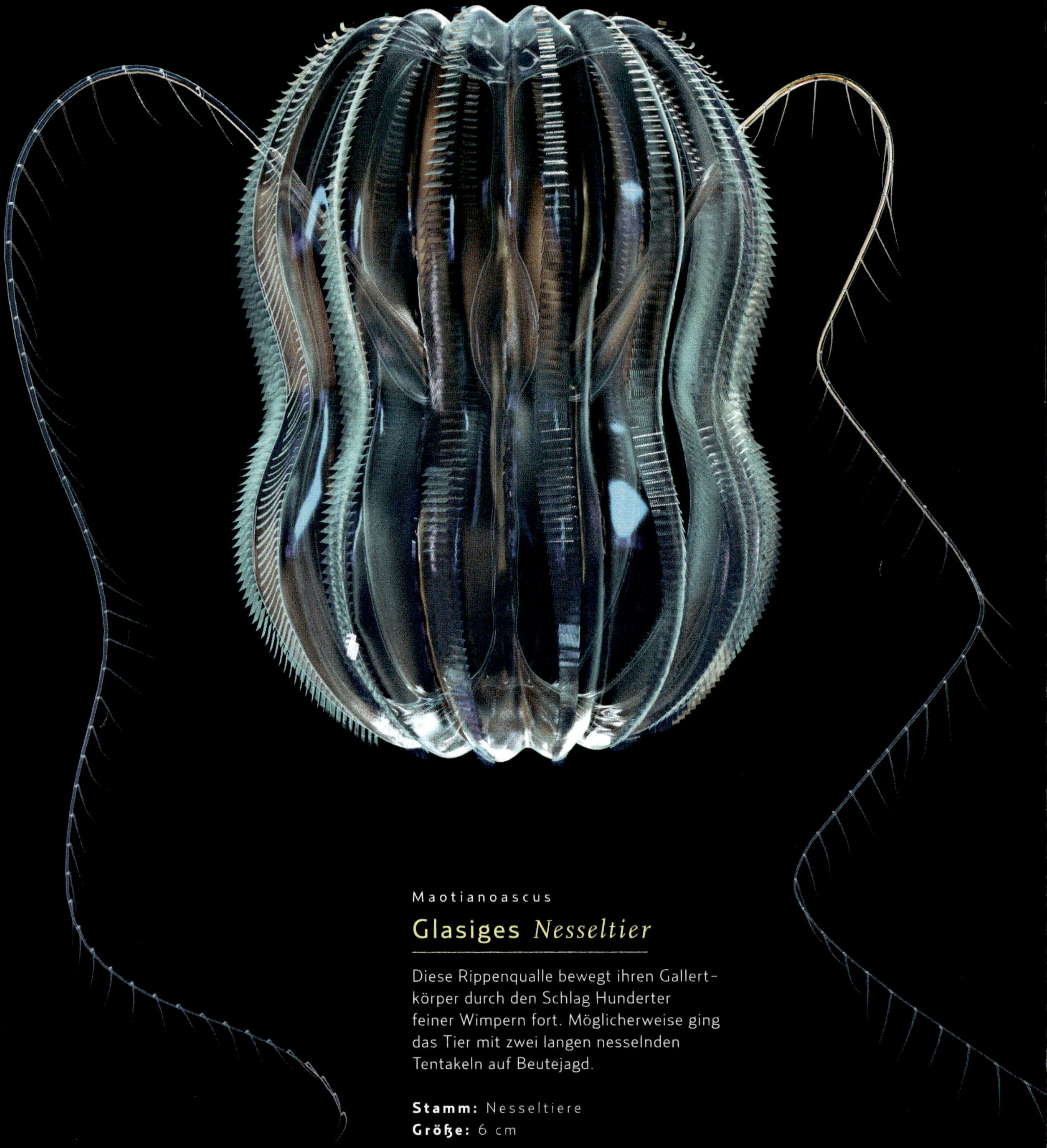

Maotianoascus

Glasiges *Nesseltier*

Diese Rippenqualle bewegt ihren Gallert-körper durch den Schlag Hunderter feiner Wimpern fort. Möglicherweise ging das Tier mit zwei langen nesselnden Tentakeln auf Beutejagd.

Stamm: Nesseltiere
Größe: 6 cm

Die neuartige Fähigkeit markiert den Beginn einer Entwicklung, die das Leben enorm vorantreiben wird.

Denn bald breitet sich am Grunde der Ozeane eine wahre Vielfalt an neuen Lebensformen aus: Urtümliche Schwämme erschaffen poröse Trichter sowie vasenähnliche Formen; durch deren Poren strömt Meerwasser, aus dem die Zellen der Schwämme mikroskopisch kleine Nahrungspartikel einfangen.

Weichtiere errichten mit Nadeln oder Dornen besetzte Gehäuse, die sie herumtragen und in die sie sich bei Gefahr zurückziehen können. Muscheln bilden zwei Schalen, die über ein Gelenk miteinander verbunden sind; so können sie ihr Gehäuse je nach Bedarf mit Muskelkraft öffnen oder fest verschließen.

Dieser Mechanismus, Teile des Skeletts mechanisch miteinander zu verbinden, mag simpel erscheinen. Und doch ist er eine Revolution: Denn über Gelenke lassen sich feste Elemente miteinander verknüpfen und gegeneinander bewegen.

Das führt zu einem Entwicklungsschub, denn damit eröffnet sich der marinen Tierwelt die Möglichkeit, völlig neue, komplexe Formen zu entwickeln. Binnen kurzer Zeit bilden Lebewesen Gliedmaßen aus, konstruieren stabile Panzer, formen harte Borsten und Fangwerkzeuge.

E

Eine besonders große Vielfalt entwickeln die Gliederfüßer – Tiere mit Extremitäten aus mehreren, röhrenförmigen Gliedern, in deren Innerem sich Muskelstränge spannen. Aus ihnen werden Jahrmillionen später Tausendfüßer, Spinnen, Skorpione sowie alle Insekten entstehen.

In Gesteinsschichten aus jener Zeit finden sich Dutzende Spezies archaischer Gliedertiere (wie genau deren Vorfahren ausgesehen haben, ist nicht bekannt).

In ihrem Körper verbinden die damals noch wenige Zentimeter kleinen Tiere Minerale wie Kalk sowie Eiweiß mit einem Zuckermolekül namens Chitin und stellen daraus ein hervorragendes Baumaterial für ihre Außenskelette her: einen harten, widerstandsfähigen Verbundstoff, der vielfältig einsetzbar und zudem recht leicht ist.

Binnen kurzer Zeit bilden Lebewesen Gliedmaßen aus, formen harte Borsten und Fangwerkzeuge

Kombiniert mit anderen Stoffen, eignet sich Chitin ausgezeichnet, um Beine, Fühler, gegliederte Fangarme, Scheren, Zangen, Kauwerkzeuge zu konstruieren. Es entstehen die skurrilsten Wesen.

Aber auch ihre Lebensweise ist innovativ: Haben sich Tiere bis dahin nur von im Wasser gelösten Stoffen oder Algen ernährt, spezialisieren sich manche aufkommenden Gliederfüßer nun auf tierisches Eiweiß. Erstmals in der Geschichte des Lebens teilt sich die Fauna: in Jäger und Gejagte, in Räuber und Beute.

Ein Ergebnis dieser evolutionären Experimentierfreudigkeit ist Opabinia, etwa zehn Zentimeter lang und einer fünfäugigen Garnele mit Rüssel ähnelnd. Der schlauchförmige Mundfortsatz endet in einer Greifzange, mit der das Tier im Sand wühlt und Würmer erbeutet.

Oder Anomalocaris, das mit bis zu einem Meter Länge größte Raubtier seiner Zeit: ein gepanzerter Schwimmer, der mit stacheligen Fangklauen kleinere Tiere wie Opabinia ergreift und deren Chitinschale zerknackt, um an das nahrhafte Muskelfleisch zu gelangen.

Die wohl erfolgreichsten Gliederfüßer jener Zeit aber sind die Trilobiten. Die ein wenig an Asseln erinnernden Tiere bringen binnen weniger Millionen Jahre rund 15 000 Arten hervor. Ihr gegliederter Leib ist so stark gepanzert, dass er an eine Rüstung erinnert.

Andere Tiere entwickeln dagegen anstelle eines Panzers ein Skelett im Inneren ihres Körpers. So schlängelt sich vor 505 Millionen Jahren zwischen all den Muscheln, Schnecken und Gliederfüßern ein spindelförmiges Tier ohne Panzer durchs Meer, fünfeinhalb Zentimeter lang. Es ist Pikaia, vielleicht der Urahn (oder ein sehr früher naher Verwandter) der Wirbeltiere.

Bis heute ist nicht bekannt, wie der Vorfahr von Pikaia ausgesehen hat, denn es sind keine Fossilien gefunden worden Doch eines steht fest: Auch diesem zierlichen Urwesen verhilft die Fähigkeit, harte Substanzen aufzubauen, zum Erfolg.

Vom Kopf bis zum Schwanz zieht sich durch den Körper des Tieres ein biegsamer Stützstab aus festem Bindegewebe der eine zentrale Nervenleiste schützt – und aus dem im Laufe der Evolution die Wirbelsäule entstehen wird. An jeder Seite des Stützstabs knüpfen etliche Muskelpakete an, die das Tier geschickt – mal vorn, mal hinten – zusammenzieht und so seinen Körper in eine schlängelnde Bewegung versetzt.

Das macht Pikaia im Vergleich zu gepanzerten Räubern wie Anomalocaris und Opabinia zu einem schnellen Schwimmer. Und so bewährt sich bereits diese einfachste Form des inneren Skeletts – ein simpler Stab aus Bindegewebe – im Überlebenskampf.

Aus dem unscheinbaren Urahn der Wirbeltiere gehen wohl, so vermuten Forscher, im Laufe der nächsten Jahrmillionen die ersten Fische hervor. Es sind äußerst wendige Schwimmer. In ihrem Körper hat sich bereits eine echte Wirbelsäule gebildet, anfangs aus Knorpel, ein paar Millionen Jahre später aus Knochen.

Und bald schon erfüllt das Innenskelett auch andere Funktionen: Einige Knochen im Bereich der Kiemen verändern im Laufe der Evolution ihre Gestalt. Sie werden klobiger, verlagern sich in Richtung Maul: Der erste knöcherne Kiefer entsteht – ein kräftiger, fester Kauapparat also, mit dem Fische ihre Beute ergreifen und zermalmen können. Das Innenskelett der Wirbeltiere dient damit fortan auch dem Nahrungserwerb.

Der Erfolg dieser Wesen setzt sich im Laufe der folgenden Jahrmillionen fort: Sowohl Fische wie auch Gliederfüßer erschließen sich nach und nach sämtliche aquatischen Lebensräume. Sie dringen in die Tiefsee vor, ins Polarmeer, in flache Küstengewässer, in Flüsse und Seen.

Und schließlich, vor wohl mindestens 400 Millionen Jahren, werden die Nachfahren jener skurrilen Urwesen aus dem Ozean eine völlig neue Welt erobern: das Land.

RAINER HARF, Jg. 1976, ist der Stellvertretende Chefredakteur von GEOkompakt. Der Wissenschaftsjournalist **DIRK LIESEMER**, Jg. 1977, lebt in München.

WIE DAS LEBEN AN LAND KAM

TEXT: DIRK LIESEMER UND SEBASTIAN WITTE

Noch vor gut 460 Millionen Jahren sind die Landmassen der Erde wüst und leer. Dann aber lernen im Wasser lebende Pflanzen und Tiere, auf dem Trockenen zu überdauern – und lassen die Erde mit Leben erblühen

In der Zeit vor 400 bis 360 Millionen Jahren passen sich erste Fische ans Leben in Uferzonen an: **Tiktaalik** (hier ein versteinerter Körper) kann sich bereits auf Flossen stemmen

Luftarme Höhenzüge oder trockene Wüsten, frostige Pole oder unterirdische Kavernen: Es existiert kaum ein Ort auf den Erdkontinenten, an dem Tiere nicht eine Nische zum Dasein gefunden hätten. Fast scheint es, als seien die Landmassen schon immer ein Lebensraum gewesen, als hätten Tiere seit jeher Luft geatmet und an Küsten, in Steppen, Wäldern oder Gebirgen einander nachgestellt.

Doch das täuscht. Denn nach der Geburt des Lebens vor nahezu vier Milliarden Jahren war das Land wohl rund zwei Milliarden Jahre lang eine Todeszone. Denn anders als im Wasser, wo die ersten Organismen einst entstanden sind (siehe Seite 28), wirken auf dem Trockenen Kräfte, die lebensfeindlich sind.

Im Wasser sind sämtliche Lebewesen förmlich schwerelos, sie werden von den Fluten gleichsam getragen.

An Land hingegen zieht die Schwerkraft an jedem Körper. Eine Qualle etwa verliert auf dem Trockenen ihre Form, sackt in sich zusammen, kann sich nicht mehr fortbewegen und stirbt. Sie trocknet – wie andere Meerestiere auch – aus.

Der Fisch **Eusthenopteron** lebt vor rund 385 Millionen Jahren. Primitive Lungen ermöglichen ihm, in sauerstoffarmen Zonen auch über Wasser nach Luft zu schnappen

Zudem brennt die Sonne auf den Kontinenten intensiver, Luft absorbiert ihre Strahlung weit weniger als Wasser. An Land lebende Organismen müssen daher ihre Haut schützen, besonders vor UV-Licht. Denn dessen Energie kann das Erbgut stark schädigen.

Und dennoch: Trotz all dieser Hindernisse haben die Tiere es geschafft, das Land zu erobern.

Anhand von fossilen Funden und biogeochemischen Analysen vermögen Forscher diese faszinierende Entwicklung zunehmend genau zu rekonstruieren. Sie lässt sich in fünf Etappen gliedern:

I. Die Erdatmosphäre ändert sich.
II. Gliederfüßer erreichen die Ufer.
III. Aus Fischen werden Vierbeiner.
IV. Flossen formen sich um.
V. Wirbeltiere erobern das Land.

Wie die Tiere diese Schritte bewältigt haben, ist eine der erstaunlichsten Episoden in der Erdgeschichte. Immer wieder musste sich das Leben gewissermaßen neu erfinden – bis aus einer Zone des Todes allmählich ein Paradies entstand, in dem sich Artengemeinschaften überall auszubreiten vermochten.

I. Die Atmosphäre wandelt sich

Es ist ein flüchtiges Abfallprodukt, das den Gang auf das feindliche Terrain überhaupt erst möglich macht: Sauerstoff.

Wohl irgendwann in der Ära vor 3,4 bis 2,7 Milliarden Jahren beginnen im Meer schwebende Einzeller (die Cyanobakterien ähneln), die Energie der Sonne zu nutzen, um körpereigene Substanzen herzustellen (siehe Seite 58).

Bei diesem Vorgang, der Photosynthese, setzen die Einzeller als Abfallprodukt Sauerstoff frei – ein Gas, das aus dem Meer in die Luft aufsteigt.

Im Laufe von Jahrmillionen bilden sich in den Ozeanen riesige Kolonien von Cyanobakterien, dringt immer mehr Sauerstoff in die Atmosphäre. Allmählich verdrängt das Gas die bis dahin in der Erdatmosphäre dominierenden giftigen Ausdünstungen der Erdvulkane – und verändert sie radikal.

Als auch in die obersten Schichten der Lufthülle ausreichend Sauerstoffmoleküle gelangt sind, werden diese Moleküle durch das Sonnenlicht in Ozon verwandelt – ein Gas, das den größten Teil der UV-Strahlung abschirmt und daran hindert, zur Erde zu dringen. Das geschieht so lange, bis sich schließlich eine weltumspannende Ozonschicht gebildet hat, die den Planeten fortan vor der lebensschädigenden UV-Strahlung schützt.

Vor rund 2,4 Milliarden Jahren beginnt dann vermutlich ein erster Aufbruch des Lebens aus dem Meer: Auf den Landmassen siedeln sich in einer dünnen Schicht Cyanobakterien an; die Natur erobert jene freien und feuchten Räume an Land, die sich zur Besiedelung eignen.

Die Mikroben breiten sich, wohl zum Teil in Symbiose mit einfachen Pilzen, an den Rändern der Kontinente aus: jenen Zonen etwa, die bei Ebbe kurz trockenfallen, bis die Flut sie wieder überspült.

Ins Landesinnere hingegen, dort, wo Wind über die Felsen fegt und Sandstürme wüten, vermögen sie wahrscheinlich nicht vorzudringen. Die Kontinente bleiben steinige Welten ohne Leben: Landschaften wie auf einem fremden Planeten.

II. Gepanzerte Pioniere wagen sich an Land

Hunderte Millionen Jahre später beginnen zunächst Pflanzen, den Planeten umzugestalten (siehe Seite 100). Sie sind aus im Wasser lebenden Mikroben hervorgegangen und säumen anfangs, vor vermutlich gut 460 Millionen Jahren, nur die Ufer der Urkontinente.

Später dann erobern sie immer weitere Teile der nackten Felsen und verwandeln sie nach und nach in mit Humus bedeckte Böden.

Und nun, mit den Gewächsen, kommen auch die ersten Tiere an Land. Für Pflanzenfresser muss die neue Welt, in der noch kaum Räuber lauern, äußerst verlockend sein. Vor gut 400 Millionen Jahren krabbeln, wie Spuren bezeugen, Gliederfüßer an Land – Tiere, die den heutigen Spinnen, Skorpionen, Asseln sowie einfach gebauten Insekten ähneln.

Die ersten Vertreter sind vermutlich mit ihrer Fortpflanzung und vielleicht sogar noch mit der Atmung auf Wasser angewiesen und ernähren sich möglicherweise von an die Strände gespülten Fischen oder anderen Tieren.

Die Gliederfüßer sind für die Bedingungen auf dem Trockenen bereits erstaunlich gut gerüstet. Es scheint fast, als hätten sie den Landgang im Ozean vorbereitet.

Denn im Gegensatz zu Fischen, Quallen oder Kraken haben sie kräftige Beinpaare entwickelt, mit denen sie auf dem Meeresgrund laufen oder im Wasser Nahrung heranstrudeln können.

An Land vermögen sie ihren Körper mit den muskulösen Extremitäten gegen die Schwerkraft zu bewegen.

Zudem umhüllt die aus dem Meer kriechenden Gliederfüßer ein fester Panzer aus Chitin. Diese Schale schützt an der Luft vor Austrocknung und stabilisiert den Leib. Einige Arten entwickeln Komplexaugen, mit denen sie im Wasser wie auch an Land zu sehen vermögen.

Manche dieser Pioniere atmen durch Poren in ihrer Haut. Mit der Zeit entwickeln andere Tiere (etwa Insekten) dünne Röhren, die wie ein Netz ihren ganzen Körper durchziehen – den Kopf, die Eingeweide, die Beine und Fühler. Durch

Wohl noch im Wasser lernen Fische wie **Tiktaalik**, sich auf ihren Flossen voranzuschieben

2. GEOkompakt-Bestseller
Spannendes Wissen im Doppelpack.
- „Unsere Sinne – Wie wir die Welt wahrnehmen"
- „Physik – Warum ist der Himmel blau?"

Ohne Zuzahlung

3. SONY Kopfhörer „MDR ZX110"
Satter Sound in stylischem Look.
- Mit gepolsterten Ohrmuscheln
- Für Transport faltbar; Farbe: Weiß

Zuzahlung: nur 1,– €

JETZT BESTELLEN!

4. Reisetasche „Journey", beige/dunkelblau
Stilvoller Begleiter für Kurzreisen.
- Geräumiges Hauptfach mit gepolstertem Boden
- Abnehmbarer, längenverstellbarer Schultergurt
- Maße: ca. 50 x 31 x 20 cm

Zuzahlung: nur 1,– €

5. Amazon.de-Gutschein, Wert: 10,– €
Shoppen, wie es richtig Spaß bringt.
- Für die nächste Online-Shopping-Tour
- Riesige Auswahl, täglich neue Angebote
- Technik, Bücher, DVDs, CDs u.v.m.

Ohne Zuzahlung

1 Jahr GEOkompakt für zzt. nur 40,– € (inkl. MwSt. und Versand) bestellen unter:

kundenservice@dpv.de
Einfach ausgefüllte Karte einsenden oder mit Smartphone fotografieren und per E-Mail verschicken.

+49 (0) 40 / 55 55 89 90
Bitte immer die Bestell-Nr. angeben: selbst lesen 172 7425 / verschenken 172 7426 / als Student lesen (exkl. Prämie) 172 7427

www.geo-kompakt.de/abo
Online noch weitere tolle Angebote entdecken.

Acanthostega lebt vor etwa 365 Millionen Jahren im Flachwasser – dort kann er sich vermutlich bereits gehend fortbewegen

winzige Öffnungen in der Haut kann Luft in dieses Leitsystem dringen, sodass sämtliche Zellen des Körpers mit Sauerstoff versorgt werden.

Noch aber scheuen viele der urtümlichen Landtiere die Hitze und die trockene Luft der Kontinente: Tausendfüßer etwa bohren unterirdische Gänge im Boden und ernähren sich dort von verrottenden Pflanzenresten.

Erst über Jahrtausende gewöhnen sie sich an die ungewohnte Hitze des Tages und die nächtliche Kälte an Land.

Wohl auf der Suche nach Nahrung und geschützten Brutstätten, erkunden immer mehr Wesen das Land: Springschwänze etwa, millimetergroße Insekten, die sich auf der Flucht mit ihrem muskulösen Schwanz in die Luft katapultieren. Und Milben, die ihre Rüssel in die Stängel von Gewächsen stechen, um an deren Saft zu gelangen.

Mit den Pflanzenfressern kommen schließlich auch zunehmend Räuber an Land. Spinnenartige Tiere krabbeln aus dem Wasser, die ihre klauenförmigen Mundwerkzeuge in Beutetiere bohren und deren Eingeweide aufsaugen.

Aus anderen einst marinen Spezies gehen Hundertfüßer hervor, die ihren Opfern Giftkrallen in den Leib schlagen.

Die Wirbellosen haben nun den gewaltigen Schritt geschafft: Pflanzenfresser wie Räuber bevölkern die Kontinente und setzen das Spiel von Jagen und Verstecken an Land fort.

Nur die Fische, die Vorfahren aller Landwirbeltiere, haben sich noch nicht auf trockenes Terrain gewagt. Doch das wird sich schon bald ändern.

III. Aus Fischen werden Vierbeiner

Zwar leben einige Flossenträger schon in seichten Schelfmeeren, und andere dringen immer weiter in Flachwasser vor, erkunden das Süßwasser der Binnenseen und Flüsse, die die Kontinente durchschneiden. An Land wagen sie sich zunächst aber nicht, denn Fische haben weitaus schlechtere Voraussetzungen als die Panzer tragenden Gliederfüßer, die neue Welt zu erobern.

Ihnen fehlt fast alles für ein Leben an Land – ein Fisch, der bei Ebbe im Watt strandet, kippt in der Regel seitlich um, windet sich, kann sich nicht vorwärtsbewegen. Seine Augen trocknen ein, seine Kiemen fallen in sich zusammen, vergebens schnappt er nach Luft. Und erstickt.

Dennoch: Für manche Spezies muss das Leben auf den Kontinenten sehr verlockend sein (vielleicht wegen der reichen Beute dort). Und so wird selbst der Fisch irgendwann zum Vierbeiner.

Die Verwandlung beginnt in der Ära vor mindestens 400 Millionen Jahren.

Am Anfang der bis jetzt von Forschern entdeckten Ahnengalerie steht ein Raubtier mit Namen Eusthenopteron, ein lang gestreckter, bis zu knapp zwei Meter langer Fisch, der in Gewässern anderen Fischen und Krebsen auflauert.

Im Bereich der Schulter und des Beckens besitzt er zwei muskulöse Flossenpaare, mit denen er geschickt durchs Wasser manövriert. Sie gelten als Vorläufer der späteren Arme und Beine.

An seinem Skelett lässt sich bereits vielfach erkennen, dass dieses Tier in näherer Verwandtschaft zu zukünftigen Landwirbeltieren steht. Zudem verfügt Eusthenopteron, wie einige andere Fische seiner Zeit, über eine entscheidende Neuerung: Er atmet nicht nur durch Kiemen.

Sein Verdauungstrakt hat sich vorn im Körper zu einem sackartigen Gebilde ausgestülpt, einer einfachen Lunge. So ist der Raubfisch in der Lage, in sauerstoffarmen Gewässern den Kopf aus dem Wasser zu halten und nach Luft zu schnappen – und das Atemgas herunterzuschlucken.

Biologen gehen davon aus, dass aus Verwandten dieses Raubfisches ein Wesen hervorgeht, das einige Millionen Jahre später vermutlich in seichten Mündungsgebieten an der Nordküste des Urkontinents Laurussia auftaucht: Tiktaalik, eine Kreatur, deren flache, breite Schnauze mit den spitzen Zähnen an ein Krokodil erinnert (und deren versteinerte Überreste erst vor einigen Jahren erstmals entdeckt worden sind).

Anders als ein typischer Fisch kann Tiktaalik seinen Kopf unabhängig von der Wirbelsäule auf- und abbewegen, auch er atmet mit Kiemen und Lunge.

Seine Linsenaugen sitzen oben auf dem Schädel. Mit ihnen kann das Tier sehr wahrscheinlich auch über Wasser gut sehen. Und zudem hat Tiktaalik vier Flossen, die so feingliedrig und beweglich sind, dass er im Schlick nach Schalentieren zu graben vermag; und so kräftig, dass er sich damit aufstützen und in fließenden Gewässern stabilisieren kann.

Manchmal liegt Tiktaalik am Boden von Flussmündungen und lauert auf Beute: Nähert sich ein Fisch, dann stützt sich der Räuber plötzlich auf seine Vorderflossen – und schnappt zu.

IV.
Flossen wandeln sich zu Fingern und Zehen

Vor ungefähr 365 Millionen Jahren lebt dann ein Wesen auf der Erde, dessen Extremitäten bereits eine Zwischenform aus Flosse und Bein sind. Der über ein Meter lange Ichthyostega ähnelt einem Alligator, er vermag sich über den Grund von Flüssen zu schleppen und seinen tonnenförmigen Brustkorb mit den Flossenbeinen aus dem Wasser zu stemmen. Er gehört mit zu den vermutlich ersten Tieren, die dort, wo zuvor die Flossen endeten, Finger und Zehen ausbildet.

Ichthyostega gilt noch als Brack- oder Süßwasserbewohner, aber kann sich vermutlich kurzzeitig – ähnlich wie ein Schlammspringer in den heutigen Mangrovensümpfen Südostasiens – mit beiden Vorderbeinen parallel nach vorne durch feuchtes Substrat hieven und sich dabei auf dem Brustkorb abstützen.

Die nach hinten gerichteten Hinterbeine dienen hingegen wohl eher der Stabilisierung und helfen beim Schwimmen.

Im Schlamm muss dies ein mühsames Vorankommen sein, ein Kraftakt wider die Gravitation. Nach Nahrung jagt der Vierbeiner daher wahrscheinlich noch im Wasser.

Ichthyostega ähnelt vermutlich schon ein wenig jenen mysteriösen Tieren, die durch das schlickige Watt an den Küsten der Urkontinente streifen. Sie können ihre Körper wohl schon über den Boden heben und auf dem Trockenen laufen.

Von ihnen sind allerdings bisher keine Skelette gefunden worden – nur ihre vermutlichen Spuren sind im Gestein erhalten geblieben.

AUF EINEN BLICK

Pioniere verlassen das Meer

Erste Pflanzen dringen vor gut 460 Millionen Jahren an Land vor. In dieser Zeit verlassen womöglich bereits auch Gliederfüßer das Wasser.

Fische lernen laufen

Vor rund 400 Millionen Jahren entwickeln manche Fische primitive Lungen und kräftige Flossen, auf denen sie sich über Gewässerböden schieben können.

Besiedlung der Küsten

Mit Zwischenformen aus Flosse und Bein gehen erste Wirbeltiere vor etwa 365 Millionen Jahren im Uferbereich auf Beutezug.

Vordringen ins Inland

Hartschalige, vor Austrocknung sichere Eier ermöglichen den Wirbeltieren vor rund 300 Millionen Jahren den Aufbruch von den Küsten ins Landesinnere.

Die frühen Vierbeiner haben Lungen, ihre wohl noch fischartige Haut droht in luftiger Umgebung jedoch leicht auszutrocknen. Daher bleiben die urtümlichen Landwirbeltiere noch Millionen Jahre lang an ihre ursprüngliche Heimat, den Ozean und die Brack- und Süßgewässer, gebunden. Denn ihr gallertartiger Laich ist nur von einer dünnen Hülle umgeben.

Wohl hauptsächlich zur Flucht vor Fressfeinden oder zu Raubzügen wagen sie sich an Land. Außerhalb des Wassers vertrocknen ihre Eier. Dies verhindert noch, dass die Vierbeiner bis ins Innere der Landmassen vorzustoßen vermögen.

V.
Der endgültige Abschied vom Wasser

Die Pflanzenwelt hat sich inzwischen an Land immer spektakulärer entfaltet: Nun, in der Epoche vor etwa 360 Millionen Jahren, wachsen ehemals kleine Farne zu meterhohen Pflanzen heran. Schachtelhalme und Schuppenbäume mit rautenförmig gegliederter Stammoberfläche erobern die Kontinente. Gewaltige Regenwälder breiten sich aus, die derart viel Sauerstoff produzieren, dass dessen Gehalt in der Atmosphäre auf 35 Prozent ansteigt (heute liegt er bei 21 Prozent).

Vielleicht ist es die enorme Menge an Sauerstoff, die einigen wirbellosen Tieren zu monströsem Wachstum verhilft: Denn aus den einst millimetergroßen Krabblern gehen nach und nach unter anderem Tausendfüßer hervor, die bis zur Größe eines Menschen heranwachsen.

Auch die Skelette mancher Wirbeltiere werden kräftiger. Ihre plumpen Körper passen sich zunehmend der Welt jenseits des Wassers an, sie bewegen sich immer gewandter. Die seitlich vom Leib abstehenden Beine rücken näher an den Körper, sodass sie dessen Gewicht immer besser tragen können. So leben vor etwa 320 Milllionen Jahren bereits Vorfahren dieser ersten Reptilien: echsenartige Kreaturen mit schuppiger Haut.

Dann, vor rund 300 Millionen Jahren, beginnt die letzte Verbindung zum Meer zu reißen. Einige Tiere, die Vorgänger der Reptilien, legen Eier, die nicht mehr von einer hauchdünnen, knittrigen Membran umhüllt sind, sondern von einer kalkhaltigen Schale. Dieses hartschalige Ei ist der

Flossenbeine hieven **Ichthyostega** vor rund 365 Millionen Jahren an Land; das Wesen lebt aber meist im Wasser

perfekte Brutkasten für das trockene Terrain. Es schützt den im Inneren schwimmenden Embryo vor Austrocknung, vor Bakterien, vor der Sonnenstrahlung.

Es werden die Eier sein, die es den Wirbeltieren ermöglichen, in den folgenden Jahrmillionen das Landesinnere zu erkunden: Wüsten, Steppen, Gebirge.

Rund 3,5 Milliarden Jahre, nachdem das Leben entstanden ist, haben nun Pflanzen wie Tiere das letzte Drittel der Erdoberfläche erschlossen, das Land.

Und dort, auf dem Trockenen, werden sie einen Artenreichtum entwickeln, der den ihres nassen Herkunftselements bei Weitem in den Schatten stellt. Denn während im Meer heute etwa 2,3 Millionen Spezies leben, sind es an Land vermutlich fast dreimal so viele •

DIRK LIESEMER, Jg. 1977, ist Wissenschaftsjournalist und Autor in München.

Pflanzen

Das grüne Wunder

Vor gut 460 Millionen Jahren besiedeln erste Gewächse das Festland. Sie verändern die Atmosphäre des Planeten – und schaffen aus Felswüsten lebensfreundliche Biotope

Auch die Pflanzen haben ihren Ursprung im Wasser. Ihre Vorläufer sind vermutlich winzige Gewächse, die zu den Grünalgen zählen und vor etwa 1,2 Milliarden Jahren entstehen.

Wenn in Uferzonen der Wasserspiegel sinkt, trocknen fast alle Grünalgen aus. Ihr Gewebe verdorrt in der Sonne. Einige Individuen jedoch entwickeln eine wachsartige äußere Schicht, die es ihnen ermöglicht, Regionen zu besiedeln, die trockenfallen.

Aus diesen Algen gehen im Lauf von Abermillionen Jahren Gewächse hervor, deren Gewebe eine derbe Haut davor schützt, Flüssigkeit zu verlieren: eine Voraussetzung, um in Regionen oberhalb des Wasserspiegels zu überleben. Zudem entwickeln sich manche Pflanzenzellen zu ersten, primitiven Wurzeln. Diese moosähnlichen Gewächse – sowie einfache Pilze, die oft mit ihnen in Symbiose leben – wagen sich vor rund 460 Millionen Jahren landeinwärts vor und passen sich immer besser an die neuen Bedingungen an.

Sie beginnen aufrecht zu wachsen, der Sonne entgegen. Wurzelähnliche Auswüchse verankern ihre Körper im Erdreich und lassen sie an Feuchtigkeit und mineralische Nährstoffe im Untergrund gelangen.

Vor etwa 425 Millionen Jahren breiten sich dann erste höhere Landpflanzen aus, darunter Cooksonia, ein nur wenige Zentimeter hohes Gewächs, das die Uferbereiche von Flüssen und Seen begrünt.

Ein nächster Schritt in der Pflanzenevolution bringt Millionen Jahre später bei Urfarnen und Bärlappgewächsen Blätter hervor. Neben kleinen, dornenartigen Ausstülpungen bilden sich auch größere, flächige Organe, die die Oberfläche der Pflanze enorm erweitern. Diese Lichtfänger richten sich zur Sonne aus und ernten große Mengen solarer Energie.

Zudem bilden die Gewächse im Inneren Leitungen, die Wurzeln und Blätter miteinander verbinden, sodass Wasser und gelöste Stoffe direkt aus dem Erdreich bis in die Spitzen der Triebe transportiert werden können.

Mit ihren Neuerungen schaffen es die Pioniere, die ehemalige Todeszone, das Land, in einen geradezu idyllischen Lebensraum zu verwandeln. Denn zu jener Zeit sind die Kontinente ja noch eine Welt ohne Konkurrenz, eine Welt fast ohne Feinde: Nichts anderes macht den pflanzlichen Pionieren den Standort streitig.

In der Ära vor rund 390 bis 360 Millionen Jahren recken sich dann bereits erste Bäume bis zu zwölf Meter hoch dem Licht entgegen. Um ihren tonnenschweren Körpern Stabilität zu verleihen, produzieren sie große Mengen des Verholzung bewirkenden Stoffs Lignin und anderer festigender Substanzen, sodass ihre Sprossachsen über die Jahre zu massiven Stämmen und Ästen auswachsen. Damit haben die Pflanzen einen Bauplan, der es ihnen erlaubt, sich immer weiter in die Höhe zu strecken und mächtige Wälder zu bilden.

Und in den folgenden Jahrmillionen jeden Winkel der Kontinente zu erobern. *Sebastian Witte*

Vor 425 Millionen Jahren wächst die bis zu sechs Zentimeter hohe Cooksonia an Land

In Kanada wurde dieser Parasaurolophus ausgegraben. Der zehn Meter lange Vegetarier mit dem hohlen, wohl als Resonanzkörper zum Erzeugen tiefer Rufe dienenden Knochenkamm am Kopf lebte vor 80 Millionen Jahren

TEXT: KATHARINA VON RUSCHKOWSKI

DIE HERRSCHER DER URZEIT

Sie brachten eine ungeheure Vielfalt hervor und hinterließen ihre Spuren auf allen Kontinenten: Dinosaurier dominierten das Leben auf der Erde mehr als 160 Millionen Jahre lang. Spektakuläre Fossilfunde in jüngerer Zeit haben das Bild der Riesenechsen grundlegend verändert

Während des Erdmittelalters (252 bis 66 Millionen Jahre vor unserer Zeit) gab es auf unserem Planeten Lebewesen, die gewaltiger und kraftvoller waren als alle Kreaturen, die davor oder danach die Erde bevölkerten. Anfangs waren diese Tiere kaum größer als Terrier; doch dann wuchsen sie in Jahrmillionen zu hausgroßen Riesen heran.

Auf allen heutigen Kontinenten hinterließen sie ihre Spuren, wagten sich aber auch ins Wasser und in die Lüfte. Ihre Dominanz währte 165 Millionen Jahre lang, ehe sie fast schlagartig abtraten – wenn auch nicht ganz. Denn in den heutigen Vögeln erkennen Forscher die über Jahrmillionen verwandelten, direkten Angehörigen dieser so erfolgreichen Tierdynastie: der Dinosaurier.

Ihr evolutionärer Siegeszug prägte die drei Epochen des Erdmittelalters – Trias, Jura und Kreidezeit.

Dies ist ihre Geschichte.

I. Trias
Vom Aufstieg der Riesensaurier

252 bis 201 Millionen Jahre vor unserer Zeit

Unser Planet sieht zu jener Zeit ganz anders aus als heute. Alle Kontinente sind bis zur späten Trias noch in dem Superkontinent Pangaea zusammengeschlossen, der sich vom eisfreien Nordpol bis zum Südpol erstreckt und etwa ein Viertel der Erdoberfläche bedeckt. In seinem Inneren liegt eine gewaltige Wüste, in der

In den USA entdeckten Forscher diesen Maiasaurus, der dank seiner kräftigen Hinterbeine wohl rasch vor Feinden zu fliehen vermochte

heiße Winde Sanddünen aufschütten. An den Rändern der Landmasse, an die ein in Teilen warmer Ozean schwappt, herrscht dagegen fast tropisches Klima. Dort wachsen Ginkgobäume und Nadelgehölze, in Bodennähe spannen Farne ihre Wedel auf, Moose polstern Felsen und Steine, dazwischen krabbeln Spinnen, Skorpione und Tausendfüßer.

Die beherrschenden Tiere an Land sind die Reptilien. Über Jahrmillionen haben sie sich mit Dürre und wechselhaftem Klima arrangiert: Eine schuppige Haut schützt sie vor Austrocknung, und ihre Nachkommen wachsen in reich mit Nährstoffen gefüllten Eiern heran, umschlossen von einer lederartigen Schale und einer inneren Eihülle, die ebenfalls vor Trockenheit schützen. So können die Kriechtiere fernab von Wasserstellen und sogar in Wüsten überleben. Ihre Körper haben bisweilen seltsam anmutende Formen. Lystrosaurier etwa erreichen die Größe heutiger Schweine und erinnern an Flusspferde. Die gedrungenen, kurzbeinigen Rhynchosaurier tragen an ihrem breiten Schädel einen für diese Reptiliengruppe charakteristischen hakenförmigen Knochen, der wie ein Schnabel wirkt. Und Hypsognathus trägt zur Abwehr knöcherne Stacheln am Kopf.

Diese Tiere sind Pflanzenfresser; sie müssen auf der Hut sein vor fleischfres-

Pflanzenfresser

Grünzeug als Nahrung

Zu den vegetarisch lebenden Sauriern gehörten die größten Landtiere aller Zeiten – und sie wuchsen in rasantem Tempo

Der zehn Meter lange **Amargasaurus** streifte in Südamerika umher

Brachiosaurus war mit 35 Tonnen eines der größten Landtiere

Maiasaurier lebten in Gruppen und betrieben vermutlich Brutpflege

Mit Schlägen seiner Schwanzkeule wehrte **Ankylosaurus** Feinde ab

Die Hörner nutzte **Triceratops** zur Verteidigung und zu Kämpfen

Mit mehr als 30 Metern war **Titanosaurus** länger als Brachiosaurus

Zahlreiche Saurier bezogen ihre Energie aus pflanzlicher Kost. Darunter waren tonnenschwere Giganten – beispielsweise Langhalssaurier, die vermutlich die meiste wache Zeit mit Fressen verbrachten. Um möglichst viel Energie aus heruntergeschlungenen Nadeln und Zweigen zu gewinnen, nutzten manche Pflanzenfresser die Aktivität von Mikroben: Im Magen der Saurier lag der Pflanzenbrei oft tagelang und wurde dort wie in einer Gärkammer von den Bakterien zersetzt.

Die Energieausbeute war beachtlich: Langhalssaurier legten mitunter pro Jahr bis zu zwei Tonnen an Körpergewicht zu. Und wurden schließlich so groß, dass ihnen selbst größere Raubsaurier kaum etwas anhaben konnten.

Fleischfresser

Auf Beutezug

Ausgerüstet mit einer Batterie tödlich scharfer Säbelzähne und Greifklauen, gingen furchterregende Saurier auf die Jagd

Tyrannosaurus wurde bis zu 13 Meter lang und sechs Tonnen schwer

Der neun Meter lange **Allosaurus** jagte junge Langhalssaurier

Coelophysis lebte wohl in Rudeln und fraß kleinere Wirbeltiere

Cryolophosaurus lebte in der Antarktis, die damals nicht vereist war

Herrerasaurus, vor 228 Mio. Jahren einer der ersten Dinosaurier

Der riesige **Spinosaurus** war wohl ein hervorragender Schwimmer

So wie heute, wo beispielsweise fleischfressende Löwen Jagd auf Pflanzenfresser wie Antilopen machen, teilte sich auch die Welt der Dinosaurier in Räuber und Beute. Viele Saurier, die auf die Jagd spezialisiert waren, liefen aufrecht auf zwei Beinen. Der Schwanz diente ihnen als Gegengewicht zum weit nach vorn gereckten Rumpf und als Hilfe zur Balance bei der Beutehatz. Im Lauf der Evolution führte der Gigantismus der Pflanzenfresser, etwa der Langhalssaurier, wohl auch zu einem Riesenwuchs der Räuber. So haben sich unter den Dinosauriern die mit Abstand größten Raubtiere, die jemals gelebt haben, entwickelt – darunter der wohl bekannteste aller Saurier: Tyrannosaurus rex.

senden Archosauriern, deren spezieller Schädelaufbau vermutlich ein kraftvolles Zubeißen ermöglicht. Aus diesen Sauriern werden sich in den folgenden Jahrmillionen mehrere Tiergruppen formen – darunter die Dinosaurier, die „schrecklichen Echsen“.

Noch liegt deren genauer Ursprung im Dunkeln. Skelettfunde sind rar. Vor allem aus der Frühzeit fehlen Fundstücke.

Unstrittig ist indes, dass vor rund 228 Millionen Jahren eine ganz ungewöhnliche Echse durch die Weiten des heutigen Argentinien streift: Eoraptor, „Jäger der Morgenröte“, kaum hüfthoch und etwas mehr als einen Meter lang. Knochenreste dieses und weiterer Urzeittiere tauchten entlang der Anden auf – weshalb Forscher inzwischen davon ausgehen, dass sich die frühen Dinosaurier in Südamerika entwickelt haben.

Eoraptor unterscheidet sich auf den ersten Blick kaum von früheren Echsen – und doch ist er besonders: Denn er läuft vermutlich meist auf den zwei Hinterbeinen, die senkrecht direkt unter dem Rumpf stehen. Während sich viele andere Echsen nur in einer Art Liegestützhaltung mit seitlich abgespreizten Hinterbeinen fortbewegen, setzen bei Eoraptor die gerade unter dem Körper stehenden Gliedmaßen so an, dass sie sich mühelos durchstrecken lassen, dadurch mehr Körpergewicht tragen und so das Tier in die Lage versetzen, viel ausdauernder zu laufen.

Eine veränderte Oberschenkelgelenk-, Fuß- und Beckenkonstruktion ermöglicht diese bessere Beweglichkeit.

Fleischfresser: Die Zähne von Tyrannosaurus konnten bis zu 15 Zentimeter lang werden (Kanada)

Die Hinterbeine des kleinen Jägers besitzen zudem ungewöhnliche Proportionen: Im Vergleich zu seinen Oberschenkeln sind die Unterschenkel relativ lang und erlauben ein hohes Tempo. Der lange Schwanz hilft, die Balance zu halten. Scharniergelenke an den Knöcheln unterstützen schnelle Bewegungen der Beine. Und noch etwas unterscheidet ihn von seinen Ahnen: Seine verkürzten Vorderläufe münden in kräftigen Fingern und einem Daumen, mit dem er kraftvoll zupacken, Beute aufschlitzen kann.

Ein ähnlich gebauter, doch weitaus größerer Räuber geht bald darauf ebenfalls in der Andenregion auf die Jagd: Herrerasaurus.

Die zwei Arten sind damit die ältesten Dinosaurier, die Forscher bislang entdeckt haben. Spätestens mit ihnen beginnt die Ära der Riesenechsen.

Anfangs sind die furchteinflößenden Risenechsen nur eine von vielen Tiergruppen. Dann aber schlägt, so eine Theorie, ein Asteroid auf unserem Planeten ein (und seine Spuren werden sich im irdischen Gestein einprägen). Die Druckwelle mäht im Umkreis Hunderter Kilometer alles nieder. Und verändert nachhaltig das Klima und damit die Landtierwelt. Ein Großteil der Arten siecht dahin. Ihr Ende ermöglicht den Aufstieg der Dinosaurier.

Rasch besetzen sie die frei gewordenen ökologischen Nischen. Ihr Leichtbau und ihre Beweglichkeit ist ihnen dabei sicher von Nutzen. Da etwa die Raubsaurier aufgerichtet voranschreiten, können sie auch nach Beutetieren in Baumkronen oder Büschen greifen, die ihre meist kriechenden Ahnen nicht erreicht haben.

Am Ende der Trias, vor rund 200 Millionen Jahren, sind die Dinosaurier die dominierenden Landtiere. Immer neue Arten entstehen, etwa der vier Meter große, auf muskulösen Hinterbeinen dahineilende Chindesaurus mit seinem peitschenartigen Schwanz oder der zierliche Procompsognathus, der sich wohl vornehmlich von Insekten ernährt.

Manche der Echsen, anfangs reine Fleischfresser, haben inzwischen auch die Pflanzenkost für sich entdeckt; die spezialisierten Zähne eines vor 228 Millionen Jahren lebenden Sauriers namens Panphagia lassen darauf schließen.

Aus diesen Tieren wachsen bald Wesen heran, die alles überragen, was jemals die Erde bevölkert hat.

II. Jura
Zeit der Giganten

201 bis 145 Millionen Jahre vor unserer Zeit

Dramatische Veränderungen stehen am Beginn dieser neuen Periode der Erdgeschichte: Gewaltige Kräfte wirken im Erdmantel und lassen Pangaea in zwei Teile zerbrechen – Laurasia im Norden und Gondwana im Süden. Ozeane füllen den Spalt, fluten einige Bereiche der Kontinente und verändern damit das Erdklima.

Es wird feuchter. Wälder dehnen sich nun auch in einstigen Wüstenregionen aus; im Unterholz gedeihen Farne und Schachtelhalme – eine Landschaft, wie geschaffen für gigantische Pflanzenfresser: die Sauropoden.

Schon bald stapft über die Ebenen des Südkontinents ein 14 Meter langer Pflanzenfresser mit kurzem Rumpf und Schlangenhals, auf dem ein merkwürdig kleiner Kopf steckt: Barapasaurus. Er bewegt sich auf vier senkrechten, säulenartigen Beinen. Auch auf dem Nordkontinent gibt es einen solchen Riesen-Pflanzenfresser von ähnlicher Statur: Lufengosaurus, mit etwa sechs Meter Länge, aber etwas kleiner als Barapasaurus.

Die Giganten sind keine bizarren Auswüchse der Natur – sondern stehen am Beginn einer langen Entwicklung. Und schon bald ziehen wohl noch größere Kreaturen umher. Jedenfalls hinterlassen manche Saurier riesige Fußstapfen, die diese Annahme nähren.

Paläontologen stellten die Funde lange Zeit vor Rätsel. Wie war es möglich, dass Tiere solche Körpermaße erreichten? Weshalb zerbrach der bis zu zehn Meter lange Hals mancher Sauropoden nicht unter seinem eigenen Gewicht? Wie bewegten die Riesentiere ihre tonnenschweren Körper fort? Wie schafften sie es, ausreichend zu fressen?

Und: Welchen evolutionären Vorteil bot der Riesenwuchs?

Erst in jüngerer Zeit ist es Forschern mithilfe modernster Methodik gelungen, die Geheimnisse der Giganten zu lüften. Die wohl erstaunlichste Erkenntnis: Die Urzeit-Riesen waren Leichtbaukonstruktionen. Weitgehend hohle und nur von dünnen knöchernen Stützstreben durchzogene Wirbelknochen ermöglichten diese Bauweise. Nur die Beinknochen der Giganten, auf denen das gesamte Gewicht lastete, waren massiv.

Ausgekleidet waren die Hohlräume innerhalb der Wirbelknochen von kleinen Luftblasen: Ausläufer großer, verzweigter Luftsäcke, die mit der Lunge verbunden waren. Ähnlich wie Blasebälge sorgten die für einen besonders effizienten Luftaustausch, durch den das Atemorgan kontinuierlich – beim Ein- wie beim Ausatmen – mit Frischluft versorgt wurde.

Die Vorteile dieser Konstruktion waren immens: Die Leichtbauweise minderte das Gewicht der Dinosaurier entgegen früheren Annahmen um 20 bis 30 Prozent. Das weit in den Körper hinein verzweigte Lungensystem diente den Riesen zugleich als Kühlung: Die Oberfläche der schlauchartigen Luftsack-Konstruktion wirkte wie ein Wärmetauscher, sodass die Tiere überschüssige Körperwärme gleichsam als heißen Atem abgaben.

Zudem ersparte ihnen die hohe Effizienz der Lunge stetes, anstrengendes Einatmen. Brachiosaurus etwa, ein bis zu 23 Meter langer Riese mit auffällig langen Vorderläufen, atmete vermutlich nur alle zwei Minuten einmal ein – und sog dabei pro Atemzug gut 2700 Liter Luft in sein insgesamt wohl 15 000 Liter fassendes Lungensystem.

Die meiste Zeit des Tages nutzen Brachiosaurus und seine Verwandten zum Fressen – anders lässt sich der enorme Grundumsatz von fast 900 000 Kilojoule nicht decken (ein Mensch benötigt weniger als ein Hundertstel davon). Immerzu weiden die Urzeitriesen die Kronen der Nadelbäume ab, zupfen Farnblätter und Schachtelhalme aus dem Unterholz.

Ihr langer, flexibler Hals verleiht den Echsen eine extreme Reichweite. Brachiosaurus etwa vermag, so schätzen Forscher, einen Raum von 150 Kubikmetern abzuweiden, ohne nur einen Schritt zu tun.

Daher gehen die meisten Forscher davon aus, dass der Gigantismus den Tieren vornehmlich dazu diente, ohne große Anstrengung neue Nahrungsquellen zu erschließen.

300 bis 400 Kilogramm Pflanzenkost rupfen die Riesen täglich aus Bäumen und Büschen und schlingen sie unzerkaut hinunter – auch das spart Zeit und Energie. Denn Nahrungsbeschaffung und Verdauung der Dinosaurier sind höchst effizient. Wie heutige Rinder und Pferde verdauen sie das Grünzeug mithilfe symbiotischer Mikroben. In ihren Mägen liegt der Pflanzenbrei bisweilen tagelang; das ermöglicht es, daraus besonders viel Energie zu gewinnen.

Und dennoch verwundert es, dass den Riesenechsen allein Pflanzennahrung ausreicht, um in wenigen Jahren des Heranwachsens massenweise Muskelfleisch anzusetzen. Sauropoden wachsen in rasantem Tempo: Durchschnittlich legen sie pro Jahr wohl zwei Tonnen zu.

Anders jedoch würden es die Dinosaurier kaum zu solcher Größe bringen. Zudem glaubt mittlerweile die Mehrheit

Meeres-Echsen

Ozeanwesen

Das Land dominierten die Dinosaurier, im Meer herrschten andere Tiere, etwa Fischsaurier

Manche räuberischen **Mosasaurier** wurden mehr als 15 Meter lang

Zwei Flossenpaare trieben den langhalsigen **Elasmosaurus** an

Stenopterygius machte Jagd auf Fische und Tintenfische

Zwar stammten die Meeresechsen von echsenartigen Vorfahren ab, doch waren sie mit Dinosauriern nur entfernt verwandt. Mehrere Gruppen von Reptilien passten sich vollständig an ein Leben im Wasser an. Viele waren mit stromlinienförmigen Körpern, paddelförmig umgebildeten Extremitäten und kräftigem Schwanz sehr gute Schwimmer.

der Wissenschaftler, dass Sauropoden – und mit einiger Wahrscheinlichkeit auch andere Dinosaurier – Warmblüter waren. (Fast alle anderen Echsen sind, bis heute, wechselwarme Tiere, deren Körpertemperatur an die der Umgebung gekoppelt ist.) Doch nur so, sagen Forscher, lassen sich die enormen Wachstumsraten erklären.

Denn die Giganten kommen als Winzlinge zur Welt. Als schutzlose Gnome schlüpfen sie aus Eiern. Ihre Eltern haben sie in Schwemmlandschaften im Uferbereich von Strömen oder auf Lichtungen abgelegt, meist bis zu acht pro Gelege, um gleich danach wieder auf Nahrungssuche zu gehen. Für die Brutpflege bleibt keine Zeit.

Allenfalls kleine Raubsaurier, die lange nach den Langhälsen den Planeten bevölkern werden, betreiben wohl mehr Aufwand bei der Aufzucht. Oviraptor etwa, ein befiederter kleinerer Raubsaurier, hockt wohl tatsächlich in Gluckhaltung brütend auf seinem Nest.

Sauropoden-Junge dagegen sind von Beginn an auf sich gestellt. Kaum auf den Beinen, beginnen sie, zartes Grünzeug zu zupfen, um möglichst schnell zu wachsen. Trotzdem wird ein Großteil von ihnen zur leichten Beute lauernder Räuber. Denn den einzigen Schutz der Giganten, ihre Größe, genießen sie erst, wenn sie ausgewachsen sind. Daher sichert allein die schiere Menge des schlüpfenden Nachwuchses das Überleben der Arten.

Ohnehin werden mit den Giganten auch ihre Feinde immer größer und mächtiger. Gegen Ende des Jura leben auf der Erde monströse Raubsaurier wie der 1500 Kilo schwere Allosaurus. Vermutlich im Rudel, darauf lassen später fossile Knochen und Fußspuren schließen, machen Allosaurier Jagd auf junge Langhalssaurier.

Doch nun bricht eine Epoche gewaltigen Wandels an. Nicht nur unter Tieren.

III. Kreidezeit
Die Blüte der Riesenechsen

145 bis 66 Millionen Jahre vor unserer Zeit

Die Landmassen sind weiterhin in Bewegung. Von Gondwana, dem Südkontinent, lösen sich als anfangs zusammenhängender Erdteil die spätere Antarktis sowie Australien, Neuseeland und Indien. Im Westen spaltet sich Südamerika von seinem Nachbarn Afrika ab. Das heutige Europa ist noch eine flache Meereszone mit einer losen Ansammlung kleiner Inseln; erst später entstehen auch hier Festlandsbereiche.

Trotz aller Turbulenzen ist es die erste Hochzeit des Planeten. Blütenpflanzen sprießen. Bienen, Wespen, Käfer bestäuben die neuen Arten. Die Vielzahl neuer Lebensräume, die durch das Zerbrechen der Kontinente entstanden ist, lässt völlig neue Arten entstehen. Manche Arten der pflanzenfressenden Dinosaurier kommen in der veränderten Umwelt nicht mehr zurecht und sterben aus – vermutlich, weil sie die gewohnten Nahrungsquellen verlieren und sich die Vegetation rascher verändert, als sie sich anpassen können. Dafür aber etablieren sich andere Gruppen von Großechsen.

Iguanodon etwa ist ein Achttonner mit spitzen Daumenstacheln, die der Saurier wohl im Kampf einsetzt.

Den Nacken des Triceratops schützen ein mächtiger Schild sowie drei spitz zulaufende Hörner. Die setzt er unter anderem im Kampf gegen Raubsaurier wie Tyrannosaurus rex ein.

Dessen Maul säumen bis zu 15 Zentimeter lange Säbelzähne, ein jeder mit tief eingekerbter, sägeartiger Schneide, spitz und scharf. Bricht ein Zahn ab, wächst der nächste nach. Tyrannosaurus rex verfügt über immense Beißkraft.

Oder Spinosaurus. Der Riese mit dem auffälligen Rückensegel (das möglicherweise zur Wärmeregulation dient) misst bis zu 16 Meter, in seinem krokodilähnlichen Maul stecken lange, leicht gebogene Zähne, die verhindern, dass ihm glitschige Beute wieder entgleitet. Lange gingen Forscher davon aus, dass Spinosaurus – watend – in flachen Gewässern oder Sümpfen nach Fischen schnappte.

Neuere Funde aber offenbarten eine Sensation. Denn anatomische Besonderheiten wie die verkürzten Hüft- und Beinknochen (von Ahnen der Wale bekannt) sowie der vermutlich weit hinten gelagerte Körperschwerpunkt (der das Schwimmen erleichtert) und die Lage der Nasenöffnungen legen nahe: Spinosaurus lebte vor allem im Wasser, war vielleicht sogar ein guter Schwimmer. Jahrzehntelang hatten Wissenschaftler die Dinosaurier nämlich allein als Landlebewesen beschrieben. Doch offenbar entdecken während der Kreidezeit einige Arten auch bis dahin verschlossene Lebensräume wie das Wasser für sich.

In die Lüfte haben sich die Dinosaurier sogar schon einige Jahrmillionen zuvor erhoben, im Jura. Die fliegenden Echsen entwickelten sich – vermuten die meisten Wissenschaftler – aus den großen räuberischen Sauriern, den Theropoden.

Die Voraussetzungen für den Wandel sind schon früh geschaffen: Wie die mächtigen Sauropoden besitzen auch

Im Bauch dieses Fischsaurier-Weibchens haben sich auch Knochen ungeborener Jungtiere erhalten

Flugsaurier

Eroberung des Himmels

Mehr als 150 Millionen Jahre lang schwirrten sie durch die Lüfte: Flugsaurier brachten Hunderte Arten hervor

Der lange Schwanz half **Eudimorphodon** bei seinen Flugmanövern

Mit langen gebogenen Vorderzähnen ging **Dorygnathus** auf Fischjagd

Quetzalcoatlus war ein wahrer Gigant: Spannweite zwölf Meter

Anhanguera: vier Meter Spannweite, aber wohl nur fünf Kilo schwer

Mit seinem breiten Maul schnappte **Anurognathus** nach Insekten

Gut 20 Zentimeter maß der Schädel von **Dimorphodon**

Neben den flugfähigen Dinosauriern, zu denen auch die Vögel gehören, schwang sich im Erdmittelalter noch eine weitere Gruppe echsenartiger Wesen in die Lüfte: Flugsaurier (Pterosaurier). Zwischen dem teils behaarten Körper und den Extremitäten spannte sich eine flexible, gut durchblutete Flughaut. Pterosaurier waren sehr agile Flieger, konnten wohl ausgezeichnet sehen und hatten sich auf unterschiedliche Nahrungsquellen spezialisiert: Einige schnappten nach Insekten, andere machten Jagd auf Fische oder Krebse. Wieder andere verzehrten Aas – etwa die verrottenden Überreste von Dinosauriern.

viele Theropoden hohle, offenbar an ein Luftsack-System angebundene Knochen, die ihnen später die Leichtigkeit zum Abheben verleihen. Durch den Gang auf zwei Beinen können sich aus den freien Vorderläufen nach und nach Flügel entwickeln. Und wahrscheinlich besitzen schon frühe Raubsaurier ein Federkleid.

Diese Protofedern, die gebogenen Zahnstochern gleichen, sind Kälteschutz, aber auch Schmuck. Einige Dinosaurier schillern womöglich schon kunterbunt, wie Forscher jüngst anhand der Untersuchung mikroskopisch kleiner Pigmente, die auf den Fossilien erhalten waren, rekonstruieren konnten.

Zum Fliegen aber taugen die Federn erst später.

Wahrscheinlich ist der erste Dinosaurier, der eigenständig in die Lüfte abheben kann, eine Art namens Archaeopteryx, die vor 150 Millionen Jahren im Gebiet des heutigen Bayern lebte. Wie keine zweite steht diese Spezies für die verblüffende Metamorphose einiger Riesenechsen von Land- zu Luftlebewesen.

Denn Archaeopteryx trägt zwar noch Zähne und Fingerklauen wie Dinosaurier. Doch seine Vorderextremitäten sind bereits komplett von vermutlich flugtauglichen Federn besetzt, Becken und Schlüsselbeine aerodynamisch verformt.

Archaeopteryx ist erstaunlich klein, er hat etwa die Maße einer Krähe, wiegt gerade einmal ein Kilogramm. Doch auch keiner seiner Nachfahren wird gewaltig an Größe gewinnen: Die meisten Vogel-Ahnen entwickeln sich zu kleinen, aber enorm cleveren Tieren.

Denn während ihre Körpergröße schrumpft, nimmt die Leistungsfähigkeit ihrer Gehirne im Laufe der Evolution immer weiter zu.

So gerüstet, vermögen die fliegenden Saurier die Turbulenzen des wechselhaften Erdklimas und andere Katastrophen, die sich gegen Ende der Kreidezeit ereignen, weitaus besser zu überleben als alle anderen Arten der schrecklichen Echsen.

Immer weiter driften in dieser Zeit die Kontinente auseinander und nähern sich der heutigen Position an. Ozeane weiten sich, weshalb das Klima lokal noch einmal kühler und feuchter wird. Andernorts dagegen trocknen Gebiete aus.

Viele Dinosaurier-Spezies sind den Veränderungen nicht gewachsen – und

Fossil des Flugsauriers Rhamphorhynchus aus Süddeutschland, Flügelspannweite: bis 1,80 Meter

sterben bereits vor Ende des Erdmittelalters aus. Nur wenige Raubsaurier wandern noch umher, machen Jagd auf pflanzenvertilgende Hadrosaurier mit ihren markanten Entenschnäbeln sowie auf Ceratopsia, erkennbar am Nackenschild.

Doch die Pflanzenfresser sind gewappnet. In riesigen Gruppen ziehen sie mittlerweile umher, um sich gemeinschaftlich verteidigen zu können.

AUF EINEN BLICK

Ursprung

Vor rund 230 Millionen Jahren entwickelten sich aus echsenartigen Wesen die Dinosaurier, die sich unter anderem durch kräftige Laufbeine auszeichneten.

Eroberung

Binnen weniger Millionen Jahre wurden Dinosaurier zu den dominierenden Spezies an Land.

Gigantismus

Keine andere Tiergruppe brachte so gewaltige Landlebewesen hervor, etwa Brachiosaurus.

Ende

Durch einen Asteroideneinschlag starben die Riesenechsen vor 66 Mio. Jahren aus. Einzige überlebende Dinosaurier: die Vögel.

Gegen ein Ereignis aber können sie sich nicht schützen: Vor etwa 66 Millionen Jahren trifft erneut ein Meteorit die Erde. Der Einschlag mit der Energie von mehreren Millionen Atombomben bringt die gesamte Erdoberfläche ins Wanken.

Unmengen von Staub, die in die Atmosphäre emporsteigen, und Schwefelsäure-Tröpfchen, die sich dort oben bilden, schirmen jahrelang jede Sonneneinstrahlung ab. Die Durchschnittstemperatur der Erde fällt um bis zu 25 Grad. Viele Tier- und Pflanzenarten, die den Einschlag überlebt haben, fallen der folgenden Klimaveränderung zum Opfer. Drei Viertel der Lebensformen sterben aus – darunter fast alle Dinosaurier. Einzig viele der fliegenden Sonderformen überleben.

Auf das Zeitalter der Riesenechsen folgt die Epoche der Säugetiere – die ganz klein beginnen. Es sind gerade einmal mausgroße Kreaturen, die bislang eher im Schatten der Dinosaurier gelebt haben, sich nun aber verblüffend schnell an die veränderte Umwelt anpassen und Lebensräume an Land, in den Flüssen und Ozeanen besetzen (siehe Seite 130).

Den überlebenden fliegenden Echsen steht damit allein noch der Himmel offen. Und tatsächlich: 15 Millionen Jahre nach der Katastrophe steigen die davongekommenen Dinosaurier zu einer neuen Macht auf, den Vögeln.

Mehr als 10 000 Arten fliegen, schwirren, laufen, schwimmen heutzutage auf unserem Planeten umher, allesamt aus den Dinosauriern erwachsen.

Deren Dynastie lebt damit in Kolibris, Amseln, Albatrossen, Straußen, Pinguinen und all den anderen fort ●

KATHARINA VON RUSCHKOWSKI, Jg. 1981, lebt in Ostwestfalen-Lippe. Fachliche Beratung: **DR. DANIELA SCHWARZ**, Museum für Naturkunde Berlin.

AUS DER ZEIT DER ZEIT

Welche Kräfte prägten einst die Gestalt der Erdoberfläche? Um diese Frage zu beantworten, nimmt der Franzose Thomas Boyer Gesteinsproben aus brodelnden Lavaseen (siehe auch Seite 127)

TIEFE

PROTOKOLLE: OLAF TARMAS

Was wir über die Frühgeschichte unseres Planeten wissen, verdanken wir Fossilien, Vulkangestein oder Felsformationen in abgelegenen Höhlen – und jenen Forschern, die diese Zeugen der Erdgeschichte zutage fördern. Sieben von ihnen berichten von Expeditionen, von bahnbrechenden Funden und akribischer Arbeit in Hightech-Labors

Die Brutstätte der Giganten

Luis Chiappe, Jg. 1962, Paläontologe, Los Angeles

In Patagonien entdeckte der Argentinier erstmals intakte Gelege von Saurier-Eiern. Der Fund ermöglichte Forschern nie da gewesene Einsichten in die Entwicklung der Riesenechsen

Ich bin ein Outdoor-Mensch und liebe nichts mehr, als in abgelegenen Gegenden nach Fossilien zu suchen, im Zelt zu schlafen und abends für mein Team zu grillen. Am schönsten ist es natürlich, wenn ich bei Grabungsarbeiten etwas entdecke, was zuvor noch kein Mensch zu Gesicht bekommen hat.

So wie 1997, als ich mit meinem Team im Ödland von Patagonien auf die versteinerten Nester von Dinosauriern stieß. Den Tag, an dem wir die ersten versteinerten Eierschalen entdeckten, werde ich nie vergessen. Ein Expeditionsmitglied zeigte mir etwas, das er für eine fossile Vogel-Eierschale hielt, doch mir war sofort klar: Die Größe und Form konnte nur von Sauriern stammen.

Wir versuchten in dem steinigen Gelände noch mehr solcher Bruchstücke zu finden – und erkannten schließlich, dass wir uns inmitten eines riesigen Areals bewegten, das mit fossilen Eierschalen bedeckt war.

Es handelte sich um eine ausgedehnte Brutstätte, die unter dem Namen Auca Mahuevo“ bald darauf in die Geschichte der Paläontologie einging.

In der Kreidezeit legten dort vor mehr als 65 Millionen Jahren weibliche Titanosaurier – das sind große Langhalssaurier – ihre Eier in flache Mulden, die sie zuvor ausgescharrt und mit Pflanzenfasern gepolstert hatten.

Im Laufe der Ausgrabungen fanden wir immer größere Schalen-Bruchstücke und schließlich sogar gänzlich unversehrte Eier, die komplette Dino-Embryos enthielten. Sie gewährten uns einen faszinierenden Einblick in die frühen Entwicklungsstadien dieser Saurier, die über 30 Meter lang und bis zu 50 Tonnen schwer werden konnten.

Eine solche Entdeckung ist nicht jedem Paläontologen vergönnt, und in der Regel verläuft die Ausgrabungsarbeit weit weniger spektakulär. Es ist harte körperliche Arbeit, oft unter schwierigen Bedingungen: Man schaufelt, gräbt und bohrt den ganzen Tag, häufig in großer Hitze, zumeist in wüstenartigen Umgebungen, in denen ältere Gesteinsschichten der Erde frei zutage treten. Und abends im Camp gibt es oft weder eine Dusche noch ein weiches Bett.

Es sind solche Ausgrabungen, die uns voranbringen und die das Bild, das wir von den Dinosauriern haben, in den letzten 30 Jahren revolutioniert haben. Das gilt besonders für mein Spezialgebiet, die Entwicklung der frühen Vogelarten: Als ich Mitte der 1980er Jahre in dieses Forschungsgebiet einstieg, kannte man außer dem berühmten Archaeopteryx kaum andere fliegende Saurier. Man vermutete, dass sich vereinzelte Vorläufer der heutigen Vögel erst entwickelt hatten, nachdem die großen Dinosaurier ausgestorben waren.

Erst durch Tausende neuer Funde, vor allem in China, wissen wir heute: Auch schon zu Zeiten der Dinosaurier gab es eine unglaubliche Vielfalt an Vogel-Vorfahren, vielleicht sogar so viele wie die fast 11 000 Arten moderner Vögel, die wir kennen. Möglicherweise wird sich unser Bild von den frühen Vögeln in den kommenden Jahren noch weiter verändern: Wir dehnen unsere Grabungen zurzeit auf neue Gebiete aus, etwa dicht bewaldete Regionen im Südwesten Brasiliens oder in Myanmar.

Die sind zwar schwerer zugänglich als offene Steinwüsten, doch ich bin sicher, dass unter der Humusschicht noch weitere spektakuläre Funde zu machen sind.

Der Paläontologe Luis Chiappe ist Direktor am Naturhistorischen Museum von Los Angeles und erforscht fossile Wirbeltiere

Tunnel in die Vergangenheit

Gina Moseley, Jg. 1984, Paläoklimatologin, Innsbruck

In schwer zugänglichen Höhlen sucht Gina Moseley Hinweise auf das Klima vergangener Erdzeitalter. Für ihre Expeditionen erhielt die Britin Österreichs angesehenen Preis für Nachwuchsforscher

Ich war schon als junges Mädchen von Höhlen fasziniert. Seit ich mit zwölf Jahren zum ersten Mal eine Höhlenführung erlebte, hat mich diese zweite Welt nicht mehr losgelassen. Es sind wunderbar stille Orte, die man im Inneren der Erde vorfindet, oft von unwirklicher Schönheit.

Die Erkundung einer Höhle ist eine Reise in die Vergangenheit unseres Planeten. Die geologischen Prozesse, die zu ihrer Entstehung geführt haben, reichen oft Millionen Jahre zurück. Manchmal finde ich Fossilien von Armfüßern in Kalkgestein, das früher einmal Meeresboden war.

Alle paar Schritte eine Überraschung, eine neue Entdeckung! In dieser Hinsicht gleicht die Erkundung einer unbekannten Höhle dem wissenschaftlichen Forschungsprozess: Man dringt tiefer und tiefer in ein bestimmtes Thema ein – und mit jeder neuen Erkenntnis tun sich neue Fragen auf.

In meinem Fall betreffen sie das Klima vergangener Erdzeitalter. Höhlen sind Orte, die über extrem lange Zeiträume vor Veränderungen geschützt sind. Wechselnde Umwelteinflüsse und Klimate an der Oberfläche machen sich dort meist nur indirekt bemerkbar – etwa durch die Menge oder die veränderte chemische Zusammensetzung des Wassers, das durch das Gestein sickert.

Deshalb bin ich immer auf der Suche nach Tropfsteinen oder Sinter-Ablagerungen. Oft sind die über Zehntausende, manchmal gar Hunderttausende von Jahren gewachsen. Aus ihrer Schichtung lassen sich die klimatischen Verhältnisse der Vergangenheit mit großer Präzision ablesen.

Die Technik für deren Analyse hat sich erst in den letzten 20 Jahren entwickelt. Mithilfe hochpräziser Spektrometer können wir heute Uran-Thorium-Datierungen vornehmen. Sie nutzen radioaktive Zerfallsprozesse, um Ablagerungen bis zu einem Alter von 650 000 Jahren zurückzuverfolgen, mit einer Genauigkeit von plus/minus zehn Jahren. Anhand des Vorkommens verschiedener Sauerstoff-Isotope lässt sich dann bestimmen, wie warm und wie feucht das Klima an diesem Ort zu verschiedenen Zeitpunkten war.

Die spannendste Erkundung habe ich 2015 gewagt: Ich wollte Höhlen in Nordwestgrönland finden, die 1960 entdeckt, aber seither kaum erforscht worden waren. Ein Flugzeug setzte unser Team in der Wildnis ab, dann schafften wir die Ausrüstung mit einem Schlauchboot über einen 20 Kilometer breiten See. Anschließend ging es drei Tage lang zu Fuß zu den Höhlen. Dort fanden wir eine Wand mit 500 000 Jahre alten Sinter-Ablagerungen. Großartig!

In Nordwestgrönland fallen Klimaschwankungen besonders heftig aus. Wie der Rest Grönlands steht die Region als Teil der nordatlantischen Klimazone seit jeher in enger Verbindung mit Mitteleuropa, sodass sich aus dem Wandel der Verhältnisse dort Rückschlüsse auf die Entwicklung des Klimas bei uns ziehen lassen.

2019 werde ich in die Höhlen zurückkehren, diesmal mit einer groß angelegten Expedition. Alles wird gut vorbereitet sein. Doch welche Entdeckungen uns erwarten, werden wir erst wissen, wenn wir vor Ort sind – und hinter die nächste Biegung schauen.

Gina Moseley auf einer Expedition im »Kronleuchtersaal« der Lechuguilla-Höhle in New Mexico, USA

Der Herr der Knochen

Philippe Taquet, Jg. 1940, Paläontologe, Frankreich

Als Pionier der französischen Dinosaurier-Forschung suchte Philippe Taquet in mehr als 70 Ländern nach Fossilien. Die von ihm entdeckten Skelette gelten als wichtiger Nachweis für die Theorie der Kontinentaldrift

Das Bild, das die Welt früher von Sauriern hatte, erscheint uns heute auf fast kuriose Weise altmodisch. Man hielt sie für primitive, schlecht angepasste Tiere, die sich nur schwerfällig fortbewegten und daher ausstarben – ein Irrweg der Evolution gewissermaßen. Heute wissen wir, dass das Gegenteil der Fall ist – die Saurier brachten hochdynamische und vielfältig spezialisierte Arten hervor.

Einige von ihnen habe ich selbst entdeckt: So stieß ich auf meiner ersten Expedition nach Niger auf zwei komplette Skelette mit markanten „Rückensegeln" – sie gehörten zum bis dahin unbekannten Ouranosaurus. Später entdeckte ich in der Sahara fossile Überreste des Riesenkrokodils Sarcosuchus. Vergleiche mit ähnlichen Funden in Brasilien lassen den Schluss zu, dass es auf dem Urkontinent Gondwana gelebt haben musste, bevor dieser sich in Afrika und Südamerika teilte. Dies war einer der ersten paläobiologischen Hinweise zur Theorie der Kontinentaldrift.

Wenn ich an die Feldarbeit früherer Jahre zurückdenke, überkommt mich manchmal Nostalgie. Unsere Arbeit war zugleich schwieriger und einfacher als heute: Es gab keine Mobiltelefone, kein GPS, wir mussten uns in der Sahara ganz simpel per Kompass orientieren.

Niemand durfte sich ernsthaft verletzen oder krank werden, denn das nächste Krankenhaus war eine Tagesreise entfernt.

Doch wir genossen die großartigen Wüstenlandschaften umso intensiver – und die Gastfreundschaft der Tuareg und anderer Nomadenvölker. Heute sind die Expeditionen in die Sahara technisch perfekt ausgestattet, können aber oft nur mithilfe schwer bewaffneter Sicherheitskräfte ausgeführt werden, weil die politische Situation so gefährlich ist.

Als Paläontologe fühle ich mich als eine Art Teilzeit-Nomade: Ich bin in 70 Ländern unterwegs gewesen, von Patagonien bis zur Wüste Gobi. Aber genauso sehr liebe ich es, mich für Wochen und Monate in meinem Labor zu vergraben, wenn ich von einer Expedition zurückkehre. Oft zeigt sich die Bedeutung von Funden erst dort.

Ich erinnere mich, dass ich einmal über Wochen hinweg hoch konzentriert die Bruchstücke eines Schädelknochens zusammensetzte – und plötzlich, mit dem letzten Teil, sah ich in das Antlitz eines Sauriers. Das war einer dieser Gänsehautmomente, die es nach mühevollen Phasen immer mal wieder gibt.

Manchmal geht es aber auch ganz einfach: In der Wüste Gobi blickte mir einmal schon nach einer halben Stunde Schaufeln der vollständige Schädel eines Protoceratops aus dem Sand entgegen, als wollte er sagen: Hallo Philippe, ich habe 75 Millionen Jahre gewartet, endlich bist du da!

Diese „tiefe Zeit" der Jahrmillionen hat meine Weltsicht geprägt. Wenn ich mich in der Natur bewege, sehe ich vor meinem inneren Auge, wie die Gebirge sich auffalten, wie die Erosion sie wieder abschleift, wie tektonische Ereignisse die Erdoberfläche zerreißen und stauchen.

Mir ist deutlich bewusst, wie winzig sich der Mensch in dieser Perspektive ausnimmt und wie fragil die ökologische Basis ist, auf der er seine Zivilisation aufbaut.

Wenn er nicht achtgibt, wird er schneller von der Erde verschwinden als die Dinosaurier am Ende der Kreidezeit.

Philippe Taquet mit dem von ihm in Afrika entdeckten Skelett eines Sarco-suchus – einer Art Urkrokodil

Cristian Lascu ist Experte für Höhlenforschung. Hier untersucht er eine in einer Höhle neu entdeckte und nach ihm benannte Spinnenart

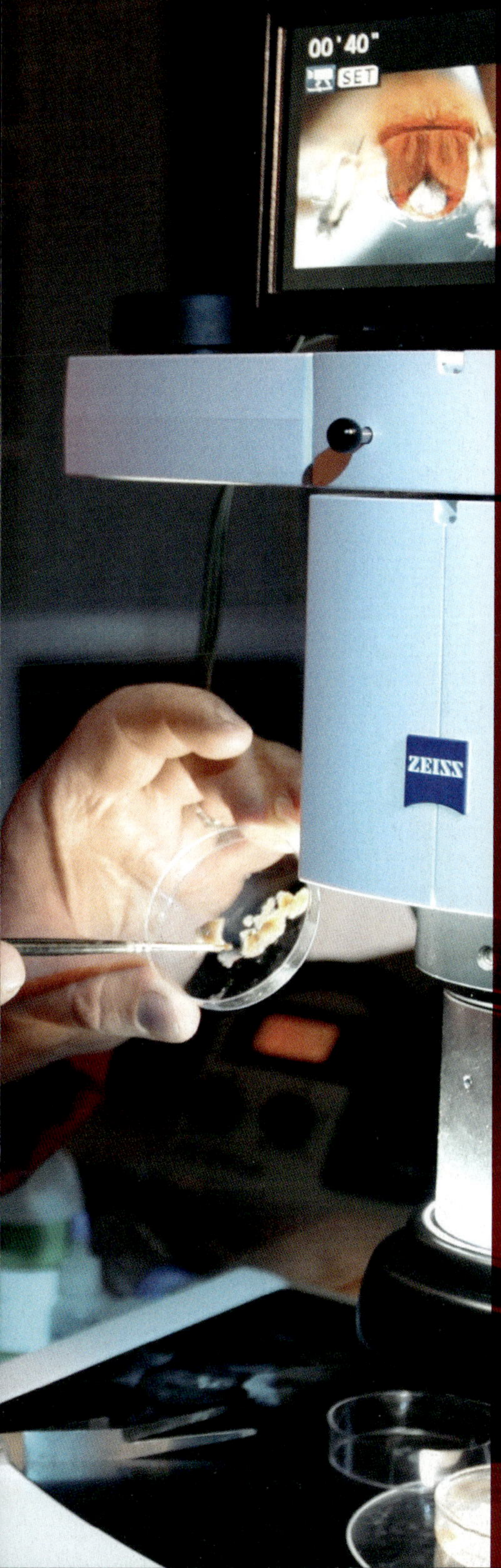

über Millionen von Jahren isoliert von der Außenwelt lebten. Der Fund ermöglicht Forschern neue Einblicke in die Entwicklung der Arten

Meine Leidenschaft für die Erkundung von Höhlen speist sich aus Abenteuerlust, Ehrfurcht, wissenschaftlicher Neugier – und dem Kitzel, der Erste zu sein, der in einen noch unbekannten Abschnitt vordringt. Unterwasserpassagen haben dabei oft meinen ganzen Mut als Höhlentaucher erfordert und mich sogar in Lebensgefahr gebracht, aber ich wurde oft reich belohnt.

Am meisten wohl vor etlichen Jahren, als ich eine kleine Vertiefung im Karstboden am Schwarzen Meer untersuchte – und einen schmalen Spalt wahrnahm. Mit Schaufel und Pickel vergrößerte ich ihn so weit, dass ich mich in die dahinter liegende Höhle zwängen konnte. Es war dunkel, aber ich konnte einen unterirdischen See erkennen. Als ich einen Stein hineinwarf, stieg Schwefelgeruch auf.

In den folgenden Wochen tauchte ich bis zum Grund des Sees hinab. Das Wasser war warm, aber durch die aufgewirbelten Sedimente so trübe, dass wir kaum etwas sehen konnten. Durch enge Unterwasserpassagen tasteten wir uns in benachbarte Kammern vor – und entdeckten dort etwas sehr Überraschendes: Während der erste See biologisch tot zu sein schien, wimmelte es in den inneren Kammern nur so von Leben: Es gab Wasserspinnen, Wasserskorpione, Egel, Würmer.

Wie konnte das sein? Die Atmosphäre in dem lichtlosen Höhlensystem war äußerst lebensfeindlich: Der Sauerstoffgehalt war niedrig, Luft und Wasser waren stark mit Kohlendioxid, Schwefel und Methangasen angereichert. Dennoch fanden wir ein hochvitales Ökosystem vor, dessen Bewohner sich, untypisch für Höhlentiere, schnell bewegten und einen raschen Stoffwechsel hatten. Die meisten von ihnen waren völlig unbekannte Arten: farblos-durchsichtig und ohne Augen.

Als ich in der Folgezeit die geologische Beschaffenheit der Höhlen untersuchte, bemerkte ich, dass sie nach oben hin mit einer dicken Tonschicht versiegelt waren. Kein Wasser – und folglich auch keine Nährstoffe – konnten von der Oberfläche hinabsickern. Der Kontakt zur Außenwelt musste seit sehr langer Zeit abgeschnitten sein. Wir waren also in eine Art Zeitkapsel eingedrungen. Die zeitliche Dimension der Isolation sprengte unsere Vorstellungskraft: Es ging um Millionen von Jahren – lang genug, um eigene Arten hervorzubringen. Kein Wunder, dass uns viele Kollegen anfangs für verrückt erklärten.

Doch im Laufe der Zeit bestätigten sich meine Vermutungen: Vor 5,5 Millionen Jahren ist dieses Unterwasserhöhlensystem als Überbleibsel eines riesigen Sees entstanden. Seit dieser Zeit haben die Organismen in der Höhle überlebt und sich weiterentwickelt, genährt von einem Zustrom warmen, schwefel- und methanhaltigen Wassers, das aus einem Riss in der Erdkruste aufstieg.

Für Bakterien, die Chemosynthese betreiben – also nicht Sonnenlicht zur Energiegewinnung nutzen, sondern anorganische Verbindungen wie etwa Schwefelwasserstoff –, ist das offenbar ausreichend. Sie ähneln jenen Mikroben, die in den lichtlosen Gefilden der Tiefsee am Rande von Vulkanen siedeln und die mit der Entstehung des Lebens auf unserem Planeten in Verbindung gebracht werden.

Solche Höhlensysteme sind weitaus mehr als exotische Habitate für seltsame Lebewesen: Es sind Fenster in die Geschichte des Lebens auf unserem Planeten.

Die Amerikanerin Jingmai O'Connor erforscht im chinesischen Beijing die Geschichte früher Vogelarten

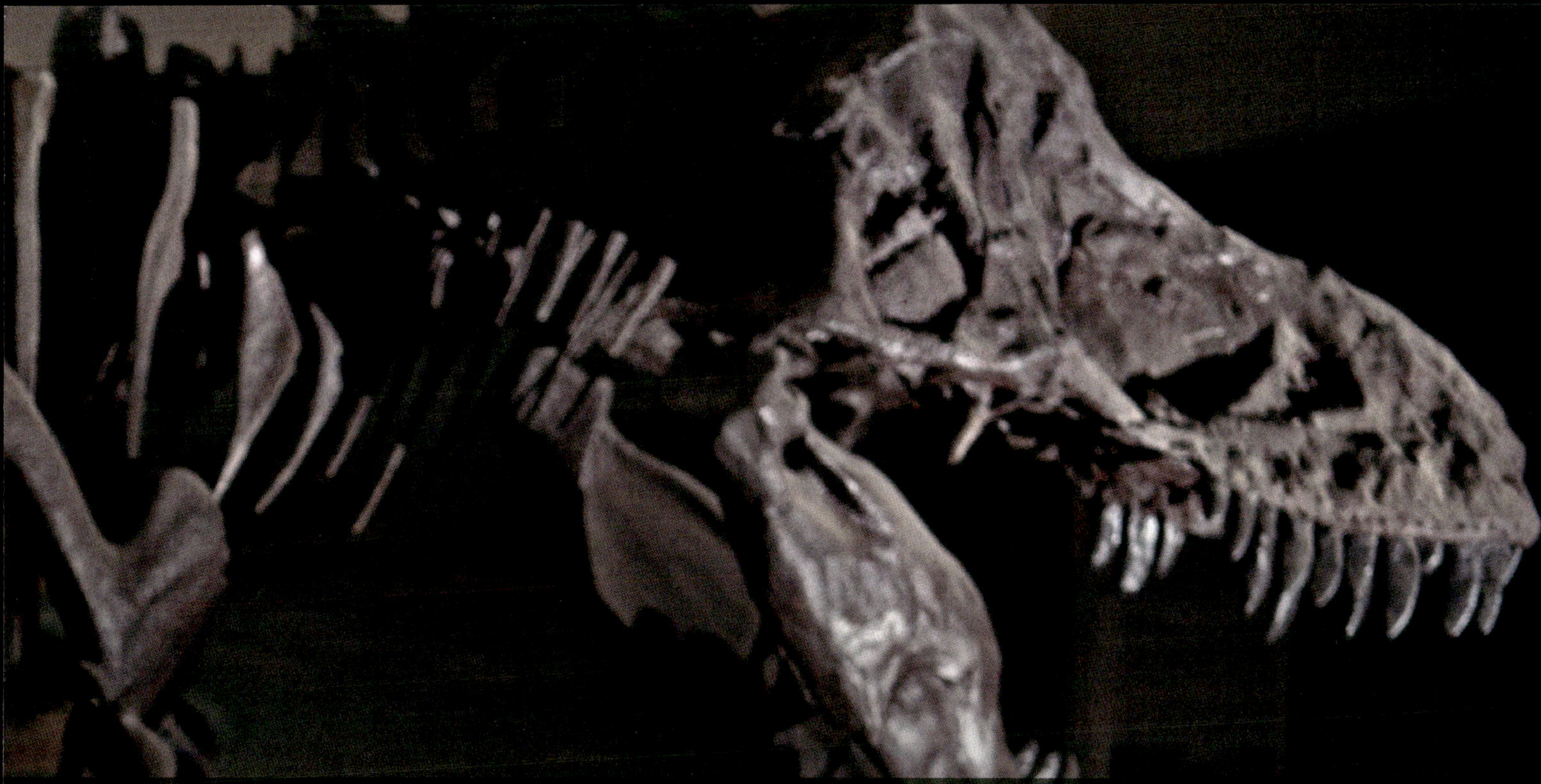

Neue Arten im Monatstakt

Jingmai O'Connor, Jg. 1983, Geologin und Paläontologin, Beijing

In China kommt es derzeit zu einer Fülle von aufsehenerregenden Fossilienfunden: Die amerikanische Paläontologin Jingmai O'Connor über die rasante Entwicklung der Dinosaurier-Forschung im Fernen Osten

Als Tochter einer chinesischen Geologin und eines irisch-amerikanischen Künstlers bin ich zwar in Kalifornien aufgewachsen, habe mich jedoch stets für meine chinesischen Wurzeln interessiert. Nun forsche ich in China – aber nicht nur aus familiären Gründen, sondern weil es dort in den letzten Jahren zu einem Boom an Fossilienfunden von einmaliger Vielfalt und Qualität gekommen ist.

Bei manchen Exemplaren sind nicht nur die Skelette, sondern auch die inneren Organe perfekt erhalten, bis hin zum Mageninhalt. Jedes Jahr werden Hunderte neuer Individuen gefunden, jeden Monat werden neue Arten gefiederter Dinosaurier und früher Vögel entdeckt.

Das liegt nicht etwa daran, dass in China mehr Fossilien im Boden liegen als anderswo auf unserem Planeten – sondern dass dort mehr Leute danach graben: Die meisten Funde werden von Laien gemacht, die damit viel Geld verdienen können.

Hinzu kommt, dass in China Fördergelder für Ausrüstung, Forschungsvorhaben oder Konferenzen weit großzügiger und unkomplizierter verteilt werden als in den USA und dass Wissenschaftler sich voll und ganz ihrer Forschung widmen können.

Ich hatte das große Glück, auf dem Höhepunkt dieses Booms am richtigen Ort zu sein und mich für den Forschungszweig zu entscheiden, der sich in der Folge am stärksten entwickelt hat: die Herausbildung früher Vogelarten in der Kreidezeit und davor.

Dabei war ich als Geologin fachlich anfangs eigentlich im Nachteil. Mein Wissen über die Anatomie von Vögeln habe ich erst in China vervollständigt – unter anderem, indem ich mir im Supermarkt Tiefkühlhähnchen besorgte und sie sezierte.

Manche Kollegen reagieren zuweilen irritiert auf meine direkte Art und auf meine Tattoos und Piercings. Beides scheint ihnen so gar nicht zu einer seriösen Wissenschaftlerin zu passen. Dazu kann ich nur sagen: Schaut nicht auf mich, seht euch lieber meine Arbeit an!

Die dreht sich ganz und gar um die neuen Funde der letzten Jahre. Nun wissen wir, dass das Fliegen als Fortbewegungsart bei Wirbeltieren sich nicht in einer geraden Linie von den Dinosauriern bis zu den Vögeln entwickelt hat, sondern auf vielen verschiedenen Wegen.

Manche von ihnen waren Sackgassen, wie bei den Flugsauriern, manche sind bis heute erfolgreich, wie bei den modernen Vögeln. Mein Lieblingsfund ist der 2015 erstmalig beschriebene Flugsaurier Yi Qi, der zwar über ein volles Federkleid verfügte, seine Flugfähigkeit aber durch eine Hautmembran erhielt, ähnlich wie bei den heutigen Fledermäusen oder Flughörnchen.

Er ist kein Vorläufer der heutigen Vögel, hat sich aber zeitgleich mit ihnen entwickelt. Zumindest ist das unsere gegenwärtige Theorie – die möglicherweise nur bis zum nächsten rätselhaften Fund gültig ist.

Mehr als jede andere Wissenschaft ist die Paläontologie wie ein riesiges Puzzle, in dem die meisten Teile noch fehlen. Die wichtigsten Eigenschaften, die ein Paläontologe haben muss, sind daher: Respekt vor den Fakten, eine wissenschaftlich fundierte Fantasie, um die gut zu interpretieren – und die Bereitschaft, jederzeit Fehler einzugestehen und Hypothesen zu widerrufen.

Ein Urvogel-Tattoo dagegen ist verzichtbar – aber natürlich sehr cool.

Im Inneren von Vulkan-
kratern untersucht der
Franzose Thomas Boyer,
wie vor mehr als
vier Milliarden Jahren
die Erdkruste ent-
standen ist

Der heiße Atem der Erde

Thomas Boyer, Jg. 1981, Vulkanologe, Vanuatu

Auf der Vanuatu-Inselgruppe im Südpazifik erforscht der Franzose das Verhalten von Vulkanen – und versucht anhand von Gesteinsproben Informationen über die Frühgeschichte unseres Planeten zu gewinnen

Geologische Vorgänge vollziehen sich meist mit unendlicher Langsamkeit, unsichtbar für den Menschen, über Millionen von Jahren hinweg. Vulkane hingegen erlauben uns, die Aktivität der Erde in Jetztzeit wahrzunehmen. Wir sind gewissermaßen live dabei, wenn ein neues Kapitel Erdgeschichte geschrieben wird.

Deshalb bin ich vor zehn Jahren nach Vanuatu gezogen – einer Inselgruppe im Pazifik, deren Vulkane auch heute noch sehr aktiv sind. Sie liegt an einer Stelle, wo sich die australische unter die pazifische Kontinentalplatte schiebt. An der Nahtstelle steigt immer wieder Magma aus dem Erdmantel auf.

Für einen Forscher gibt es kaum einen besseren Ort, um Erfahrungen zu sammeln, denn in dem Archipel gibt es mehrere Vulkan-Typen, die auf unterschiedliche Weise ausbrechen: Manche von ihnen sind kontinuierlich aktiv, mit kleinen Eruptionen von Asche, Lavaströmen und Lavabomben; bei anderen wechseln sich Phasen der Ruhe mit plötzlichen Explosionen und großen Aschewolken ab, wie zurzeit auf der Vanuatu-Insel Ambae.

Erdgeschichte bleibt oft ein wenig abstrakt – bis man einen aktiven Vulkan mit allen Sinnen erlebt hat: Immer wieder beeindrucken mich das Leuchten und die Hitze der Lava bei den Eruptionen, das Grollen aus dem Inneren des Vulkankegels, das Fauchen entweichender Gase, die Druckwellen von Explosionen, die man im ganzen Körper spüren kann. Manchmal auch die unheimliche, gedämpfte Atmosphäre, wenn eine Aschewolke niedergeht, die alle Geräusche schluckt.

Das sind Eindrücke wie vom Anbeginn der Zeit, aus der Entstehungsgeschichte der Erdoberfläche. Damals waren die Vulkane natürlich aktiver: Gewaltige Eruptionen veränderten die Gestalt der Erdoberfläche, beeinflussten durch Aschewolken und Gase immer wieder das Klima und trugen sogar zum Massensterben unter den Lebewesen bei, etwa am Ende des Perm vor 250 Millionen Jahren.

Bei einem heutigen Vulkanausbruch gewinnt man eine Ahnung davon, wie es damals zugegangen sein mag. Der Vulkan Ambrym in Vanuatu beispielsweise hat eine Caldera – einen kesselförmigen Einbruch – von zwölf Kilometer Durchmesser, deren Rand im Inneren mehr als 400 Meter steil abfällt. Ein See aus 1200 Grad heißer Lava brodelt auf ihrem Grund.

Es ist ein Ort wie aus einer anderen Welt, nicht für Menschen gemacht. Es gehört ein bisschen Mut dazu, sich dort hinzubegeben, denn die Gesteinsformationen am Kraterrand sind oft instabil. Giftige Gase können sich ausbreiten. Deshalb nehmen wir immer Gasmasken mit, wenn wir dort hinabsteigen.

Es ist jedes Mal ein eigentümliches Gefühl, wenn man sich dem Lavasee nähert: Von vorn spürt man die Hitze der glühenden Lava, und im Rücken sorgen Abwinde für Kühlung. Auch wenn wir stets sehr gut vorbereitet sind, bleibt in solchen lebensfeindlichen Zonen immer ein Restrisiko. Viele haben ihre Leidenschaft und Neugier schon mit dem Leben bezahlt – auch Vulkanologen. Doch wenn alles gut geht, wird man reich belohnt: mit Daten, Film- und Fotoaufnahmen. Vor allem aber mit einmaligen Gesteinsproben: Milliarden Jahre altem Material, eingeschmolzen und gerade erst erstarrt – ein Stück des Planeten Erde, das Aufschluss gibt über seine allerersten Momente.

Mit Präzision und Beharrlichkeit

Marcelo Sánchez-Villagra, Jg. 1970, Paläobiologe, Zürich

Wie wuchsen Wirbeltiere in früheren Erdzeitaltern von Embryos zu erwachsenen Wesen heran? Um dies zu beantworten, muss Marcelo Sánchez-Villagra aus zahlreichen Funden ein stimmiges Bild entwerfen

An der Paläontologie fasziniert mich vor allem die ungeheure Vielfalt der Fauna: Sämtliche 20 Millionen heute lebenden Arten bilden zusammengenommen nur ein Prozent der Spezies, die seit der Entstehung des Lebens auf unserem Planeten existiert haben.

99 Prozent sind also ausgestorben – und doch lehren sie uns Entscheidendes über unsere heutige Tierwelt, die daraus hervorgegangen ist.

Es ist zum Beispiel verblüffend zu sehen, welche radikal anderen Formen die Vorfahren unserer heutigen Tiere, aber auch ausgestorbene Entwicklungslinien unter den Bedingungen eines anderen Erdzeitalters angenommen haben.

Vor einigen Jahren entdeckten Kollegen und ich in einem Wüstengebiet im Nordwesten Venezuelas das vollständige versteinerte Skelett eines Riesen-Meerschweins, das vor etwa acht Millionen Jahren herangewachsen war: 700 Kilo schwer, ausgestattet mit 20 Zentimeter langen Nagezähnen. Es lebte einst in großen Herden, halb im Wasser, halb an Land.

Trotzdem muss es ein ängstliches Tier gewesen sein, denn es wurde von gigantischen Krokodilen und Raubvögeln gejagt.

Das war ein großer Fund, wie man ihn selten macht – wenn überhaupt. Der Alltag eines Paläontologen im Feld ist weit von solchen Augenblicken entfernt.

Es gibt Tage und Wochen, in denen man keine Funde macht, und Monate und Jahre, in denen sich kleine Fundstücke nur allmählich zu einem größeren Mosaik zusammensetzen.

Die wichtigsten Eigenschaften für einen Paläontologen sind daher Geduld, Beharrlichkeit und Genauigkeit. Nicht nur bei der Grabungsarbeit, sondern vor allem bei der Beschreibung und der Analyse der Fundstücke. Mit der Analyse verbringe ich weitaus mehr Zeit als mit dem Graben.

Die technischen Möglichkeiten dafür haben sich in den letzten Jahren noch einmal stark verbessert. Mit speziellen, hochauflösenden Computertomografen können wir beispielsweise ins Innere versteinerter Schädel blicken.

Der wichtigste Augenblick aber ist immer noch der, in dem man seine Erkenntnisse zu Papier bringt. Erst durch das Schreiben, so meine Erfahrung, ist man gezwungen, seine Gedanken und Theorien klar zu formulieren. Erst in diesem Augenblick entsteht so etwas wie eine wissenschaftliche Erkenntnis.

In meinem Fall geht es dabei meistens um den Zusammenhang zwischen der Entwicklung einer Art und dem Heranwachsen eines Tieres vom Embryo bis zum Erwachsenen.

Um die Evolution einer Spezies zu verstehen, reicht es nämlich nicht, sich nur die Fossilien ausgewachsener Tiere anzusehen. Erst wenn man weiß, welche Entwicklungsstadien einzelne Tiere durchlaufen, erhält man ein vollständiges Bild.

Die Fülle an winzigen evolutionären Veränderungen, die im Laufe der Jahrmillionen die ungeheure Vielfalt an Arten hervorgebracht haben, versetzt mich immer wieder in Staunen und Bewunderung.

Am besten hat dies Charles Darwin zum Ausdruck gebracht, im berühmten letzten Satz seines Buches „Der Ursprung der Arten". Der lautet: „Es liegt etwas Erhabenes in der Weise, wie aus einem schlichten Anfang eine unendliche Zahl der schönsten und wunderbarsten Formen entstand und noch weiter entsteht".

Der Argentinier Marcelo Sánchez-Villagra ist Direktor des Paläontologischen Instituts an der Universität Zürich

Jahrmillionenlang führen Säugetiere auf der Erde eher eine Art Schattendasein. Sie sind kaum größer als Ratten und werden von den Dinosauriern dominiert. Doch als unser Planet vor 66 Millionen Jahren von einer gewaltigen Katastrophe getroffen wird, schlägt die Stunde der Fellträger

TEXT: BERTRAM WEISS

SIEGESZUG DER SÄUGER

ERFOLGREICHE NAGER

Auf der Suche nach Eidechsen und Insekten durchstreifen spitzmausgesichtige Leptictidien vor mehr als 40 Millionen Jahren das Unterholz. Ähnlich wie diese kleinen, flinken Fellträger sehen viele der in Wäldern lebenden frühen Säugetiere aus

WETTSTREIT DER RIVALEN

Auge in Auge stehen sich ein Entelodon, ein früher Verwandter moderner Schweine, und ein Hyaenodon gegenüber, äußerlich eine Kombination aus Hyäne, Hund und Raubkatze. Die beiden Rudeltiere leben in der Zeit vor 40 Millionen Jahren

IM KAMPF UMS DASEIN WIRD MANCHER JÄGER ZUM GEJAGTEN

N

Noch beherrschen die Dinosaurier die Erde, kündet nichts von ihrem Untergang: In der Epoche vor 160 Millionen Jahren dominieren sie nahezu alle Lebensräume an Land. Jedes andere Lebewesen scheint ihnen unterlegen. Und doch rascheln im Laub der Regenwälder bereits kleine, unscheinbare Vierbeiner, deren Nachfahren die Riesenechsen dereinst übertrumpfen werden. Sie zählen zu den ersten echten Vertretern der erfolgreichsten heute noch lebenden Wesen: der Säugetiere.

Die Kreaturen sehen aus wie heutige Ratten, spitzmausgesichtig äugen sie durch die Blätter. Meist bewegen sie sich auf Bäumen, balancieren behutsam in den Wipfeln, huschen über Äste. Sogar ihre Jungen ziehen sie dort oben in der Höhe auf – in sicherer Entfernung von den räuberischen Echsen am Erdboden.

Diese frühen Säuger stammen von den Therapsiden ab, einer Gruppe von Reptilien, und ihre Ursprünge reichen mehr als 200 Millionen Jahre zurück.

Um den Riesenechsen zu entgehen, wagen sich die zierlichen Vierbeiner nur im Schutz der Dunkelheit hinab von den Bäumen, um an einem Gewässer zu trinken. Den Dinosauriern nützen dann ihre hoch entwickelten, auf die Jagd am Tage spezialisierten Augen wenig.

Überdies macht die Kälte der Nacht einige Räuber träge. Denn wie heutige Eidechsen sind gerade manche fleischfressenden Saurier wohl nicht in der Lage, die Wärme ihres Körpers vollständig und dauerhaft selbst zu beeinflussen. Zu einem gewissen Teil sind sie also der Temperatur ihrer Umwelt ausgeliefert.

Fehlt die Wärme des Tages, verlieren sie an Kraft und Ausdauer. Bei einem Sonnenbad müssen sie viel Zeit darauf verwenden, neue Energie zu tanken.

Schon die frühen Säuger zeichnet dagegen eine Eigenschaft aus, mit der sie auch niedrigen Temperaturen trotzen: die Warmblütigkeit. Wird es draußen kühler,

EINIGE SÄUGER PASSEN SICH VOR ETWA 50 MILLIONEN JAHREN DEM LEBEN IM **WASSER** AN UND WERDEN ZU REINEN MEERESBEWOHNERN: ZU WALEN

JAGD IN DEN MEEREN

Der bis zu 18 Meter lange Basilosauruswal ist vor etwa 36 Millionen Jahren das größte auf der Erde lebende Tier. Die kleineren Dorudonwale von nur etwa fünf Meter Länge sind keine Gefahr für den imposanten Meeressäuger

SCHEUER WINZLING

Wohl nicht mehr als 35 Zentimeter hoch wird dieses pflanzenfressende Propalaeotherium. Der kleine Waldbewohner ist das älteste bekannte Pferd und kann sich gegen größere Raubtiere nur durch Flucht verteidigen

vermögen sie mit biochemischen Prozessen ihre Körperwärme auf konstantem Niveau zu halten. Die Energie dafür gewinnen sie aus ihrer Nahrung. Diese innere Heizung ermöglicht es Warmblütern, auch in der Nacht und bei jeder Jahreszeit beweglich und kraftvoll zu sein.

Außerdem wappnen sich die Säuger mit einer weiteren Innovation gegen nächtliche Kühle: Sie umgeben ihren Körper mit einer speziellen Isolierung – dem

SIE UMGEBEN IHREN KÖRPER MIT EINER SPEZIELLEN ISOLIERUNG – DEM FELL

Fell. Aus dem Eiweiß Keratin produzieren sie Haare, die aus der Haut sprießen und einen dichten, schützenden Pelz bilden.

Zu den wesentlichen Säuger-Merkmalen, die sich in jener Epoche vor 160 Millionen Jahren wohl bereits weitgehend entfaltet haben, zählt auch ein äußerst gutes Gehör, das den Tieren das Leben im Dunkeln erleichtert: Aus bestimmten Kieferpartien sind ihnen in Jahrmillionen im Mittelohr die Gehörknöchelchen Hammer und Amboss erwachsen. Damit nehmen sie höhere Frequenzen und leisere Töne wahr als Reptilien – ein entscheidender Trumpf, um sich gegen die Übermacht der Dinosaurier zu wehren.

Darüber hinaus perfektionieren die meisten Säugetiere eine neue Form der Fortpflanzung. Anders als die Dinosaurier, deren Brut meist in einem Ei heranwächst, entwickelt sich der Säugernachwuchs im Mutterleib. Dort ist er besser geschützt als im Ei, das leicht zur Beute von Nestdieben wird.

Ihren Namen verdanken die Säuger einer weiteren Fähigkeit: Diese Tiere versorgen ihre Jungen mit Muttermilch. Aus Hautdrüsen sondern sie ein Sekret ab, das unter anderem Antikörper und weitere Immunstoffe enthält.

Anfangs schützt der zähe Schleim vermutlich noch von außen die zarte Haut des Nachwuchses vor Infektionen und Parasiten. Eines Tages aber beginnen die Neugeborenen, das Sekret aufzulecken und schließlich direkt aus den Drüsen zu saugen. Der Saft wird für sie schon bald unerlässlich, denn er versorgt ihren Körper mit nützlichen Abwehrstoffen und macht sie stark und lebenstüchtig.

Mit ihren neuen Eigenschaften gelingt es den Säugern bereits in ihrer Frühzeit, höchst flexibel auf sich verändernde Bedingungen zu reagieren und eine verblüffende Vielfalt an Lebensweisen hervorzubringen. Diese evolutionäre Beweglichkeit wird den Erfolg der Fellträger entscheidend mitbegründen. Und so folgen auf die kleinen, spitzmausgesichtigen Baumbewohner im Laufe der Zeit viele unterschiedliche Verwandte.

Rund 60 Millionen Jahre später durchstöbern beispielsweise Tiere das Unterholz, die Igeln ähneln. Andere Urzeitsäuger graben sich durch das Erdreich, wie heute etwa Maulwürfe.

Durch die Wälder pirscht ein pelziger Fleischfresser namens Repenomamus mit einem kräftigen Körper, das Maul mit spitzen Vorderzähnen bewehrt. Gelegentlich jagt er gar ein Dinosaurier-Junges. Womöglich kann er, ähnlich den Wölfen heute, sich mit Artgenossen verbünden und so gemeinsam die Beute hetzen.

Doch auch dieser Räuber ist kaum größer als eine Katze. Denn solange die Dinosaurier das Leben am Tage beherrschen, bleiben die Warmblüter eine Randerscheinung der Evolution.

Erst am Ende der Kreidezeit vor etwa 66 Millionen Jahren erhalten die Säuger plötzlich eine Chance, als ein gewaltiger Asteroid auf die Erde stürzt und schlagartig die Bedingungen auf dem Planeten verändert (so jedenfalls die von den meisten Forschern vertretene Theorie).

Viele Tiere sterben sofort, andere werden Opfer des nun folgenden Klimawechsels: Eine Wolke aus Staub und Ruß entsteht, zudem bilden sich winzige Schwefelsäure-Tröpfchen in der Atmosphäre. Das Sonnenlicht wird blockiert, die Temperaturen auf der Erdoberfläche sinken, die Photosynthese der Pflanzen kommt über Jahre zum Erliegen.

Verstärkt wird dieser verheerende Effekt offenbar durch Vulkanausbrüche, die neben Asche auch giftige Stickoxide in die Atmosphäre schleudern.

Rund 75 Prozent aller Pflanzen- und Tierarten sterben durch diese klimaverändernden Effekte wohl aus. Auch die Dinosaurier finden auf die Dauer nicht mehr genügend Nahrung und verschwinden (bis auf die Vögel).

Anders die Säuger: Die kleinen Felltiere kommen aufgrund ihrer enormen Anpassungsfähigkeit mit der erkalteten Umwelt besser zurecht. Nun können sie auch am Tag aktiv sein, denn es bedrohen sie weniger Feinde. Sie entdecken neue Nahrungsangebote und Lebensräume.

Geradezu sprunghaft steigt die Zahl der Mammalia-Spezies an. Vor allem kleine Arten verbreiten sich rasch über den Planeten. Denn dichte Wälder, deren Dickicht kaum Platz für größere Tiere bietet, bedecken nun viele Regionen.

Wenige Millionen Jahre später leben bereits die Vorgänger der heutigen Elefanten, Katzen und Bären auf der Erde. Unser Planet gleicht in jener Epoche vor gut 50 Millionen Jahren schon weitgehend dem uns heute bekannten.

Im späteren Mitteleuropa ist die Luft feucht und heiß; vielerorts wachsen gewaltige Farne, Lorbeerbäume und Wal-

AGGRESSIVE URSCHWEINE

Entelodonten sind ebenso kräftig wie rabiat: Nicht selten fügen sie sich mit ihren spitzen Hauern untereinander Verletzungen zu. Unterschiedlich geformte Zähne sind eines der Merkmale der Säuger

GIGANTEN DER EINÖDE

Bis zu 30 Tonnen schwer und mehr als doppelt so hoch wie ein Elefant sind die Indricotherien, die größten je existierenden Landsäugetiere. Die sanften Pflanzenfresser ziehen vor gut 28 Millionen Jahren durch wüstenartige Lebensräume

SINKENDE TEMPERATUREN, SCHRUMPFENDE WALDFLÄCHEN UND DIE NUN ENTSTEHENDEN STEPPENARTIGEN LANDSCHAFTEN FÖRDERN VERMUTLICH EINE TENDENZ ZUM **RIESENWUCHS**

ZWISCHEN DEN WELTEN

Wie heutige Flusspferde leben die Vertreter der Spezies Moeritherium teilweise im Wasser – und müssen sich dort der Basilosauruswale erwehren. Im Notfall sind die vor 36 Millionen Jahren vorkommenden Kolosse jedoch gute Schwimmer

nussgewächse, aber auch Kiefern und Buchen. Barsche, Aale und Knochenhechte schwimmen in Seen; Krokodile und Frösche lauern am Ufer auf Beute.

Wenn es dämmert, erobern Fledermäuse die Lüfte. Mindestens sieben Arten der zartgliedrigen Flugsäuger ziehen umher, manche nahe am Boden, andere hoch über den Baumkronen. Wie ihre Nachfahren setzt eine dieser Spezies bereits Ultraschall ein, um sich bei der Jagd auf Nachtschmetterlinge zu orientieren.

Nach Insekten ist auch Heterohyus auf der Suche, ein Tier, das den heutigen Lemuren gleicht. Mit starken Schneidezähnen bricht es die Borke von Bäumen und angelt mit seinen auffällig verlängerten Fingern nahrhafte Larven. Ähnlich geht das etwa 90 Zentimeter lange Eurotamandua vor, vermutlich ein Verwandter des Ameisenbären. Mit seiner langen Schnauze und seinen spitzen Krallen stochert es nach Ameisen und Termiten.

Außerdem streunt Ailuravus umher; es misst von der Nase bis zum buschigen Schwanzende einen Meter, ähnelt einem riesigen Grauhörnchen – und steht in einer Linie mit den heutigen Nagetieren.

Diese Säugergruppe spezialisiert sich darauf, robuste Pflanzenfasern sowie Samen und Nüsse mit meißelförmigen, ständig nachwachsenden Schneidezähnen zu zerkleinern. Und sie verbreitet sich so vielfältig wie keine andere Gruppe der Mammalia; heute stellen die Nager rund 40 Prozent aller Säugerarten.

Auch die Urahnen der heutigen Paarhufer (Giraffen, Kamele, Wildschweine, Hirsche, Rinder) traben durch das Gestrüpp der Urwälder und fressen Pilze, Früchte und Flechten. Es sind scheue Einzelgänger, kaum größer als Füchse.

In anderen Regionen entwickeln sich derweil weitaus größere Säuger, die vor allem offene Landschaften beherrschen. Im Gebiet der Mongolei lebt Andrewsarchus, das größte aller bekannten Landraubtiere. Es ähnelt einem Bären und ist doch ein Huftier. Allein sein Schädel misst fast einen Meter; dem kräftigen Gebiss hält kein Schildkrötenpanzer stand.

Durch die Ebenen Nordamerikas und Asiens ziehen Herden von pflanzenfressenden Brontotherien: Die tonnenschweren Dickhäuter tragen schaufelförmige Hörner auf der Nase, und sie sind mit einer Schulterhöhe von zweieinhalb Metern so groß wie ein Elefant.

Und selbst die Nager bringen großwüchsige Sonderlinge hervor. Der mächtigste unter ihnen lebt in Südamerika, ist drei Meter lang und gleicht aus der Ferne einem Büffel.

Immer wieder, so zeigen Fossilienfunde, entwickeln sich bestimmte Gruppen von Säugetieren zu solchen Titanen, die neue Nahrungsquellen erschließen oder Angreifer besser abwehren können.

Und doch sterben sie irgendwann wieder aus. Denn wie einst viele Dinosaurier werden die Riesen mit zunehmender Größe anfälliger für Veränderungen der Umwelt. Um überhaupt so groß zu werden, spezialisieren sie sich auf bestimmte Pflanzen oder Beutetiere. Vermindert sich deren Zahl, so haben sie keine Chance mehr zu überleben.

Als beständiger erweisen sich Säuger von kleinerem Wuchs. Sie bevölkern nahezu jede Region des Planeten, von den tropischen Wäldern am Äquator bis zu

TONNENSCHWERE DICKHÄUTER

Brontotherien, die wie archaische Nashörner anmuten, werden rund 2,5 Meter hoch und zeugen von der Erfolgsgeschichte der Säuger: Ihre Vorfahren waren noch mausgroß und lebten auf Bäumen

den kühleren Zonen an den Polen, von den Höhen der Lüfte bis zu den Tiefen von Flüssen und Seen.

Dort taucht etwa der „Biberschwanz“, äußerlich an eine Kombination aus Fischotter, Robbe und Biber erinnernd. Sogar die Ozeane machen sich die Säuger zur Heimat: Als sich aufgrund von Kontinentalverschiebungen vermehrt Flachwassergebiete bilden, passen sich bestimmte Paarhufer dem Leben im Wasser an. Immer weiter entwickeln sich ihre Gliedmaßen zurück, verwandeln sich von Generation zu Generation zunächst in Beinstummel, schließlich in Flossen.

Auf diese Weise werden aus den Eroberern des trockenen Erdbodens auch wieder Bewohner der Meere: die Wale.

Wo einst die Dinosaurier dominierten, herrschen schließlich die Säuger. Sie besetzen nahezu jede Nische der Natur, passen sich an höchst unterschiedliche Bedingungen der Wildnis an.

AUF EINEN BLICK

Aufstieg

Als vor 66 Mio. Jahren ein Asteroid auf die Erde stürzt und wohl zum Aussterben der Dinosaurier führt, erhalten kleine Ursäuger die Chance, sich weiter auszubreiten.

Merkmale

Schon frühe Vertreter verfügen über Schlüsselanpassungen: etwa die Fähigkeit, die Körpertemperatur zu regulieren und Jungtiere mit Milch zu versorgen.

Riesenwuchs

Um neue Nahrungsquellen zu erschließen und Angreifer besser abzuwehren, entwickeln sich manche Säugetiere zu tonnenschweren Titanen.

Siegeszug

Als langfristig erfolgreicher erweisen sich jedoch Generalisten von kleinerem Wuchs, aus denen schließlich auch der Mensch hervorgeht.

Als besonders erfolgreich erweisen sich die Generalisten – jene Tiere also, die sowohl Fleisch als auch Früchte, Blätter oder Knollen fressen und mit Wärme ebenso gut zurechtkommen wie mit Kälte – Schweine etwa.

Durch die Urwälder der Landmassen krabbeln in jener Zeit auch schon kleine pelzige Säuger mit nach vorn gerichteten Augen und schmalen Fingern, kleinen, haarigen Ohren und einem langen, buschigen Schwanz.

Ihre vorderen Gliedmaßen sind etwas kürzer als die Hinterbeine, sodass sie flink Bäume erklettern können.

Die Felltiere schwingen sich durch das Geäst, immerzu auf der Suche nach essbaren Früchten, Blättern oder Samen. Scheinbar mühelos bewegen sie sich durch den Lebensraum in der Höhe.

Die Geschöpfe sind Vertreter jenes verästelten Ahnenbaums, aus dem sich die Affen entwickeln werden, die nächsten Verwandten des erfolgreichsten aller Säugetiere: des Menschen. Ausgestattet mit den Errungenschaften der Säuger-Evolution, wird der Homo Millionen Jahre später im aufrechten Gang die Erde erobern und dabei im Wortsinne wie auch geistig in völlig neue Welten vorstoßen.

Beinahe vier Milliarden Jahre nachdem sich an heißen unterseeischen Quellen die erste Urzelle gebildet hat, wird damit ein Wesen die Bühne des Lebens betreten, das erstmals in der Geschichte der Evolution seine Umwelt nach einem Plan zu gestalten vermag – und stetig versucht, die Natur zu bezwingen •

DEN NACHWUCHS IM BLICK

Vor 49 Millionen Jahren kümmern sich bereits erste Primaten intensiv um ihre Jungen. Die Lemuren ähnelnden Allesfresser sind frühe Verwandte jener Affen, aus denen schließlich der Mensch hervorgehen wird

BERTRAM WEISS, Jg. 1983, ist Redakteur im Team von GEOkompakt.

ZEUGEN AUS DER URZEIT

TEXTE: SEBASTIAN WITTE

Sie leben seit Jahrmillionen auf der Erde, haben oft sogar die Dinosaurier überdauert – und sich dennoch nur wenig verändert: Lebende Fossilien zählen zu den faszinierendsten und rätselhaftesten Erscheinungen der Tier- und Pflanzenwelt

BRÜCKENECHSE

Hungerkünstler

existiert seit 200 Mio. Jahren
Klasse: Reptilien
Größe: bis zu 80 Zentimeter lang

Während der moderne Mensch vermutlich vor gerade einmal 200 000 Jahren entstanden ist, leben Brückenechsen wohl schon 600-mal länger auf der Erde – und haben sich in dieser Zeit fast nicht gewandelt. Zum Erfolgsrezept des hauptsächlich in der Dämmerung und Nacht aktiven Reptils, das sich auf einigen Inseln Neuseelands erhalten hat, zählt vielleicht seine Genügsamkeit: Im Winter kommt das Tier bis zu sechs Monate ohne Nahrung aus und reduziert seine Atemfrequenz auf einen Zug pro Stunde.

GINKGO

Resistenter Riese

existiert seit 250 Mio. Jahren
Klasse: Ginkgophyta
Größe: bis zu 40 Meter hoch

Im Erdmittelalter, vor etwa 150 Millionen Jahren, war der Ginkgo eine Art Kosmopolit: Schätzungsweise mehr als 100 verschiedene Arten wuchsen damals auf verschiedensten Erdteilen – heute gibt es nur eine überlebende Spezies *(Ginkgo biloba)*, die vor 65 Millionen Jahren erstmals auftauchte und ihr natürliches Refugium im Südosten Chinas hat. Seit jeher trotzt das Gewächs hartnäckig schlimmsten Luftverschmutzungen, Angriffen von Pilzen und Bakterien und übersteht sogar heftige Waldbrände.

RIESENSALAMANDER

Rückkehr ins Wasser

existiert seit 220 Mio. Jahren
Klasse: Amphibien
Größe: bis zu zwei Meter lang

Riesensalamander sind Amphibien der Superlative: Sie werden bis zu 100 Jahre alt und erreichen ein Gewicht von rund zehn Kilogramm. Während einer ihrer frühen Vertreter vor etwa 56 Millionen Jahren auch an Land jagte, leben heutige Exemplare ausschließlich in kühlen, sauerstoffreichen Gebirgsgewässern in China, Japan und den USA – und lauern dort auf Insekten, Würmer, Frösche oder Krebse.

NAUTILUS

Taucher aus der Tiefsee

existiert seit 80 Mio. Jahren
Klasse: Kopffüßer
Größe: 20 Zentimeter Durchmesser

Der einzige heute lebende Tintenfisch mit Außenschale vermochte die Jahrmillionen nicht zuletzt dank seines Lebensraums und seiner Fortpflanzungstechnik zu überdauern. So war beispielsweise das Massenaussterben am Ende der Kreidezeit vor rund 66 Millionen Jahren in der Tiefsee weniger gravierend. Zudem verbringt der Nachwuchs dieses Kopffüßers mehr als ein Jahr geschützt und mit Nährstoffen versorgt in einem Ei – genügend Zeit, dass sich unmittelbare Auswirkungen von Katastrophen abschwächen.

PFEILSCHWANZKREBS

Mit harter Schale durch die Epochen

existiert seit 440 Mio. Jahren
Klasse: Merostomata
Größe: bis zu 60 Zentimeter lang

Diese archaischen Wesen besiedeln den Meeresgrund der Kontinentalschelfe in bis zu 40 Meter Tiefe, wo sie im Schlamm nach Nahrung buddeln. Doch zur Fortpflanzung und Eiablage kommen sie auch in Flachgewässer und die Gezeitenzone. Die ersten Vertreter der Ordnung dieser Panzertiere tauchten schon im Silur auf, vor 440 Millionen Jahren. Heute existieren sie noch an der Atlantikküste Nordamerikas und den Küsten Südostasiens.

BAUMFARN

Erfolgreich seit Äonen

existiert seit 400 Mio. Jahren
Klasse: Echte Farne
Größe: bis zu 20 Meter hoch

Die gewaltigen Baumfarne, die heute vor allem an tropischen und subtropischen Standorten etwa in Australien, Neuseeland oder Tasmanien gedeihen, zählten im Karbon, vor rund 350 Millionen Jahren, zu den dominierenden Gewächsen und bildeten ganze Wälder. Im Mittleren Jura, vor 180 Millionen Jahren, waren sie eine wichtige Nahrungsquelle für viele Dinosaurier. Wie viele Arten die Zeiten überdauert haben, ist unklar: Noch immer entdecken Botaniker etwa in den Anden oder den Bergregenwäldern Neuguineas neue Baumfarn-Spezies.

EVOLUTION BEDEUTET

VERÄNDERUNG.

DOCH MANCHE ARTEN SCHEINEN

DEM WANDEL ZU TROTZEN

KRAGENHAI

Archaisches Monster

existiert seit mind. 35 Mio. Jahren
Klasse: Knorpelfische
Größe: bis zu zwei Meter lang

Furchteinflößend schwimmt dieser Urzeit-Jäger durch die Tiefsee. In seinem Gebiss reihen sich nicht weniger als 300 Zähne aneinander. Über seine Lebensweise ist bislang kaum etwas bekannt: Nur selten gelingt es, einzelne Exemplare abzulichten. Angesichts rarer fossiler Funde tun sich Paläontologen schwer damit, das aalförmige Tier im Stammbaum zu verorten. Manche Experten sehen seinen Ursprung in einer Zeit vor einigen Dutzend Millionen Jahren, andere vermuten gar, dass seine evolutionäre Linie mehrere Hundert Millionen Jahre zurückreicht.

ARAUKARIE

Jahrtausendgewächs

existiert seit 220 Mio. Jahren
Klasse: Coniferopsida
Größe: bis zu 50 Meter hoch

Die immergrünen, ausladenden Nadelbäume zählen zu den ältesten noch lebenden Koniferen-Gewächsen. Einst beherrschten sie zusammen mit Baumfarnen die Landflora, heute existieren nur noch vergleichsweise wenige Spezies in der südlichen Hemisphäre. Die harten, spitzen Nadeln stehen dicht nebeneinander – wie Dachziegel – und schützen das Gewächs vor Fressfeinden. Manche Arten entwickeln bis zu vier Kilogramm schwere Zapfen und werden bis zu 1000 Jahre alt.

MAGNOLIE

Uralte Farbtupfen

existiert seit 145 Mio. Jahren
Klasse: Bedecktsamer
Größe: bis 25 Meter hoch

Die prachtvollen Blüten von Magnolien reckten sich bereits vor mehr als 140 Millionen Jahren der Sonne entgegen – in der Epoche der Saurier. Bis zum Ende der großen Eiszeit vor etwa 2,5 Millionen Jahren waren die Blütengewächse sogar in hiesigen Gefilden heimisch, dann aber wurden sie von riesigen Gletschern verdrängt. Überlebt haben sie in milderen Regionen in Asien und Amerika, wo heute etwa 230 Arten bekannt sind.

QUASTENFLOSSER

Der Konkurrenz entkommen

existiert seit 400 Mio. Jahren
Klasse: Fleischflosser
Größe: bis zu 1,8 Meter lang

Die lange für ausgestorben gehaltenen Raubfische werden schätzungsweise bis zu 80 Kilogramm schwer und ähneln den Vorfahren der ersten Landwirbeltiere. Auf der nächtlichen Jagd driften sie mit der Wasserströmung nahezu geräuschlos durch ihren nahrungsarmen Tiefsee-Lebensraum. Der ist für leistungsfähigere Jäger wenig attraktiv, da sie hier ihren Energiebedarf nicht decken können – ein möglicher Grund, weshalb die Tiere die Jahrmillionen überdauern konnten.

WELWITSCHIE

Überleben in der Wüste

existiert seit 180 Mio. Jahren
Klasse: Coniferopsida
Größe: Blätter bis 2,5 Meter lang

Auch wenn es nicht danach aussieht: Streng genommen handelt es sich bei der Wüstenpflanze um einen entfernten Verwandten der Nadelbäume. Wie diese oft, treiben auch Welwitschien lange Pfahlwurzeln in den Boden. Der Stamm, aus dem die Blätter wachsen, bleibt sehr kurz. Ein Erfolgsfaktor des uralten Nacktsamers mag seine Robustheit sein: Er wächst in einer der trockensten Wüsten in Namibia und erhält kaum Wasser. Dennoch werden einzelne Exemplare vermutlich 2000 Jahre alt.

SCHNABELIGEL

Eierlegendes Säugetier

existiert seit wohl mehr als 150 Mio. Jahren
Klasse: Säugetiere
Größe: bis zu 75 Zentimeter lang

Manche Forscher schätzen, dass das seltsame Stacheltier mit der langen röhrenförmigen Schnauze sogar bereits in der Kreidezeit existierte. Als einer der letzten Vertreter eierlegender Säugetiere bringt es keine lebenden Jungen zur Welt. Sein dichtes Stachelkleid ist seit jeher ein perfekter Verteidigungsschild: Bei Gefahr rollen sich Schnabeligel zu einer undurchdringlichen Stachelkugel zusammen – und wehren so effektiv jeden Angreifer ab •

Die Geschichte der Erde

Wie sich eine Glutkugel in einen blühenden Ort des Lebens verwandelte

Entstehung der Sonne

• vor 4,6 Mrd. Jahren Ein leuchtender Himmelskörper formt sich aus einer riesigen Gaswolke. Um ihn kreisen zahllose Gesteinsbrocken.

Die Erde wächst heran

• 4,5 Mrd. Jahre Brocken klumpen zu Planeten-Vorläufern zusammen – darunter die junge Erde, die noch glühend heiß ist.

Der Mond geht auf

• 4,5 Mrd. Jahre Bei einer Kollision mit einem marsgroßen Körper werden gewaltige Gesteinsmengen aus der Erde geschlagen: Aus dem Material formt sich nach und nach der Mond.

Aus Regen wird ein Meer

• 4,2 Mrd. Jahre Erdvulkane speien Gase aus, darunter Wasserdampf. Als der Planet abkühlt, bilden sich Wolken, es regnet viele Millionen Jahre lang, sodass sich schließlich ein weltumspannender Urozean bildet.

Die Geburt des Lebens

• 4 Mrd. Jahre In den steinernen Wänden von kaminartigen Schloten in der Tiefsee entwickeln sich erste lebende Zellen. Die Nachfahren dieser Mikroben bilden zwei Reiche: die Bakterien und die Archaeen.

Aus den Fluten erhebt sich das Land

• 3,1 Mrd. Jahre Magma drängt aus dem Erdinneren an die Oberfläche und türmt sich nach und nach zu Inseln und schließlich zum ersten Kontinent Ur auf.

In der Frühzeit bombardieren kosmische Geschosse die junge Erde mit solcher Wucht, dass heißes Magma emporspritzt

Mikroben entwickeln die Photosynthese

• 2,7 Mrd. Jahre Winzige Einzeller lernen, das Licht der Sonne einzufangen und können mit dessen Energie nun organische Verbindungen herstellen. Dieses Prinzip werden später die Pflanzen nutzen.

Zellen mit Zellkern

• 2 Mrd. Jahre Spezielle Mikroben (Eukaryoten) verpacken ihr Erbgut in einem Zellkern, ein entscheidender Schritt auf dem Weg zu vielschichtigeren Lebewesen.

Das Leben wird komplex

• 1,2 Mrd. Jahre Aus Eukaryoten entwickeln sich durch genetische Zufälle mehrzellige Wesen. Sie sind die Urahnen aller Pflanzen und Tiere.

Die Erde friert ein

• 720 Mio. Jahre Das Klima wandelt sich dramatisch: Ein Eispanzer bedeckt zeitweilig fast den ganzen Planeten.

Explosion der Arten

• 540 Mio. Jahre Nach dem Ende der Eiszeit entwickeln sich zahlreiche Tierarten – darunter Vertreter fast aller Stämme, die es heute gibt.

Eroberung der Kontinente

• 460 Mio. Jahre Pflanzen und Tieren gelingt es erstmals, im Trockenen zu überleben; immer neue Spezies bevölkern die Landmassen.

Dynastie der Dinosaurier

• 230 Mio. Jahre Aus Echsen entwickeln sich die Dinosaurier, die mehr als 160 Mio. Jahre das Land dominieren. Einige der Tausende Spezies wachsen zu Giganten heran.

Triumph der Fellträger

• 66 Mio. Jahre Durch einen Asteroideneinschlag sterben (bis auf die Vögel) alle Dinosaurier aus. Nun schlägt die Stunde der Säugetiere: In den kommenden Jahrmillionen entwickeln sie immer neue Arten.

Die Primaten tauchen auf

• 49 Mio. Jahre Affenähnliche, intelligente Tiere entwickeln sich, die ihren Nachwuchs intensiv pflegen. Es sind entfernte Vorfahren einer Spezies, die irgendwann den gesamten Planeten beherrschen wird – des Menschen ●

SEIT 2015
WALDEN
ABENTEUER VOR DER HAUSTÜR
LERN das Holz KENNEN AUS DEM DU GESCHNITZT BIST.
SEIT 2015
GEO WALDEN
ABENTEUER VOR DER HAUSTÜR
Mit Field Guide
WILDPILZE
Bestimmen & Sammeln
MACH DEIN DING
AUF ZUM JAGEN, SAMMELN, SELBERMACHEN
• DIE DO-IT-YOURSELF-AUSGABE •
WALDEN 4/2018
EXTRA SCHNITTIG
EXTRA KARTE
In 22 Abenteuern
EXTRA FRAGEN
ALLES FÜR DAS DRAUSSEN IN DIR.

GEO WISSEN ERNÄHRUNG

WAS SOLL ICH ESSEN?

Wie gesunde Ernährung gelingt

Beeren zählen zum wertvollsten Naschwerk der Natur: Sie sind voller Vitamine und Mineralstoffe

Ständig stehen wir vor der Wahl, welche Speisen und Getränke wir verzehren sollen, sind verwirrt von immer neuen und sich oft widersprechenden Empfehlungen. Mit dieser Ausgabe hält GEO WISSEN ERNÄHRUNG den aktuellen, gesicherten Stand des Wissens fest: etwa mit Antworten auf die zehn jeweils wichtigsten Fragen zu den Themen Fett, Zucker, Fleisch und Vegetarismus.

Darüber hinaus präsentiert das Heft Rezepte für Gerichte, die sich durch erstklassige Zutaten auszeichnen, und Brote, die wirklich schmecken. Der Ernährungspsychologe Thomas Ellrott stellt zudem erstmals sein neues Konzept der „New German Diet" vor – einer Ernährungsweise, die es ermöglicht, die Vorzüge der gesunden Mittelmeerküche mit heimischen, naturbelassenen Lebensmitteln zu genießen.

GEO WISSEN ERNÄHRUNG »Was soll ich essen?« hat 164 Seiten Umfang und kostet 9,50 Euro, mit DVD (»Das beste aus der Region«) 16,50 Euro. Weitere Themen: Ist Bio wirklich besser? • Essen für gesunde Haut • Wie gefährlich sind Genpflanzen?

GEO EPOCHE

DIE GESCHICHTE BAYERNS

Ein ganz besonderer deutscher Staat, 1806–2018

Symbol Bayerns: Schloss Neuschwanstein – außen scheinbar mittelalterlich, innen moderne Technik

Arm, rückständig und heillos überschuldet – das ist Bayern am Ende des 18. Jahrhunderts. Doch dann überzieht das revolutionäre Frankreich Europa mit Krieg – und Bayern profitiert von den Wirren: Das Kurfürstentum wird Königreich und in den folgenden Jahrzehnten zu einer der fortschrittlichsten Monarchien auf dem Kontinent.

112 Jahre bleiben die Könige und Prinzregenten aus dem Hause Wittelsbach an der Macht, bis Sozialisten 1918 einen demokratischen Freistaat ausrufen. Doch schon kurz darauf stürzt die junge Republik ins Chaos, prallen die politischen Extreme hier besonders gewalttätig aufeinander. Und auch nach dem Zweiten Weltkrieg geht das Land zwischen Main und Alpen immer wieder seine eigenen Wege – bis heute.

GEO*EPOCHE* »Bayern« hat 164 Seiten und kostet 12 Euro, mit DVD (»Vom Königreich zum Freistaat«) 18,50 Euro. Einige Themen: 1806 – Endlich Königreich! • 1945: Intrige und Neuanfang • Machtmensch: Franz Josef Strauß • Olympia-Attentat